ART 高等院校设计艺术类专业实验教学系列教材
GAODENG YUANXIAO SHEJI YISHULEI ZHUANYE SHIYAN JIAOXUE XILIE JIAOCAI

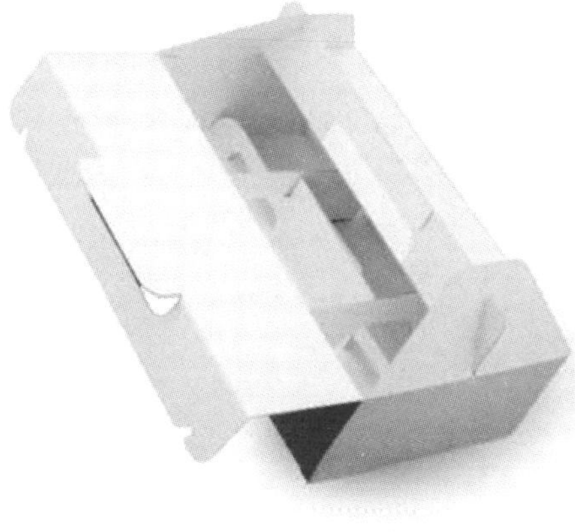

纸盒设计与成型技术

周红惠 编

湖南大学出版社

内 容 简 介

本书系统介绍纸盒设计成型的知识与技能，分概论篇、实践篇、鉴赏篇三大部分，内容包括纸盒设计的基础知识、纸盒展开图的绘制、纸盒切割成型打样操作、纸盒的连接成型以及将学生纸盒设计的优秀作业进行展示，书后附有学生实验报告基本内容要求。

本书为高等院校设计艺术类专业实验教学教材，也可供包装设计专业人士参考。

图书在版编目（CIP）数据

纸盒设计与成型技术/ 周红惠 编.——长沙：湖南大学出版社，2012.1（2016.7 重印）

（高等院校设计艺术类专业实验教学系列教材）

ISBN 978-7-5667-0092-6

Ⅰ.①纸… Ⅱ.①周… Ⅲ.①包装容器—包装纸板—结构设计—高等学校—教材

Ⅳ.①TB484.1

中国版本图书馆CIP数据核字（2012）第005638号

纸盒设计与成型技术

Zhihe Sheji yu Chengxing Jishu

编　　者： 周红惠

责任编辑： 李　由　　　**责任校对：** 祝世英

责任印制： 陈　燕

出版发行： 湖南大学出版社

社　　址： 湖南 · 长沙 · 岳麓山　　　**邮　　编：** 410082

电　　话： 0731—88822559(发行部),88649149(编辑部),88821006(出版部)

传　　真： 0731—88649312(发行部),88822264(总编室)

电子邮箱： liyou0731@126.com

网　　址： http://www.hnupress.com

印　　装： 湖南雅嘉彩色印刷有限公司

开　　本： 889×1194　16K　　　**印张：** 6.5　　　**字数：** 187千

版　　次： 2012年1月第1版　　　**印次：** 2016年7月第2次印刷

印　　数： 4 001~6 000册

书　　号： ISBN 978-7-5667-0092-6/J · 226

定　　价： 30.00元

序 Foreword

中国改革开放后的发展有目共睹，民众从过去的温饱忧虑迈向小康，人们的生活水平与质量得到了极大改善。这其中的变化固然有源于国家政策的引导、经济的发展与科技的进步等方面，另一方面也是品类繁多的产品让我们的生活变得如此丰富，设计改变了人们的生活，改变了世界。与日常生活息息相关的衣食住行，大到摩天大楼与飞机，小到纽扣针线，处处都离不开设计，处处都需要设计。三十多年来，更多人对“设计”有了深刻的认识，接受了“设计”，同时也感到越来越需要“设计”。国家和政府也清晰地看到中国产业要从“中国制造”走向“中国创造”，更需设计创新。

设计产业的发展与需要，也促进了设计人才队伍培养的进步与壮大。据2010年不完全统计，全国半数以上的院校都开设了设计类专业，仅仅艺术设计专业就有900多所院校开设，在校人数达到113万，占所有文科在校生的11%左右；一个学校的招生规模也从过去几十人、几百人增加到上千人。这种快速发展的背后，令人担忧的是师资队伍的良莠不齐、教学观念的陈旧、学生素质的滑坡和学生动手能力的低下，等等。如何改变这种现状、如何提高设计教育的水平已成为设计界乃至教育界普遍关注之焦点。广大设计教育同仁都已认识到规范教学内容的重要性，这样必然涉及教材的编写。尽管近二十多年来设计类的教材不断得以补充与完善，但离因材施教尚有差距，且精品教材尚少。针对以上状况，湖南工业大学结合自己多年来办学的经验与特色，组织了一些骨干教师编撰了该套实验教材，聊以填补国内同类实验教材之空缺，也为培养创新性高级应用型设计人才提供参考。

就产业而言，包装在我国国民经济中的地位日益重要。在我国，2010年包装工业总产值达到12 000亿元，从1980年的第37位上升到位居国民经济各行业的第14位。尽管如此，与欧美、日本等发达国家及地区尚有巨大差距。在发达国家，包装工业总产量在本国国民经济各行业中占据前十位（美国在前五位，德国在前六位）。与国外相比其差距原因固然有我国基础薄弱的一面，但根源在于我国包装设计人才匮乏，尤其需要培养高层次包装设计人才。因此，培养更多适应社会需要的高水平包装设计人才，将是今后一段时期内高等教育不可忽视的重点。考虑到市场与社会所需，我校早在1985年就创办了包装设计专业，在国内较早地探索了包装设计人才培养的模式。值得庆幸的是经过二十多年的发展，我校包装设计艺术学院也在快速成长与壮大，办学层次从过去的大专、本科提升到研究生的培养，依托包装设计专业方向的办学特色与优势，“艺术设计”专业被评为国家特色专业，学院的“包装艺术设计实验教学中心”被评为国家实验教学示范中心。依托国家实验教学示范中心，学院在教学实践中大力倡导“设计工作室（坊）制”的教学模式，在培养设计人才的实践创新能力方面形成了一套具有本校特色的教学机制，建立了一套从课堂、实验室到服务社会的产学研教学链。该套实验教材是学院近几年实验教学的经验积累与总结。在教材的编写中，我们本着理论与实践相结合、艺术与技术相结合的原则，不仅注重教材内容的系统性与适用性，而且强调教材的指导性与针对性，希望得到设计同仁的批评和指正。

“人才之培养，系惟大学教育之责。”（钱穆）设计教育之成效关系到国家今后创新人才的培养质量。这套实验教材以包装设计为切入点，以设计实践为基点，内容翔实，图文并茂，便教易学，必将为设计教育人才的培养提供借鉴。

让我们一起来关注设计，关注设计教育！

中国包装联合会副会长
中国包装联合会包装教育委员会主任
湖南工业大学校长 、教授、博士生导师

2011年11月8日

目次 Contents

上篇 概论篇 Abstract

1 纸盒（箱）包装概述 / 002

1.1 纸盒（箱）的定义和分类 / 002

1.2 纸盒（箱）包装的应用现状和前景 / 003

2 纸盒（箱）设计的基础知识 / 005

2.1 纸盒（箱）包装的材料应用 / 005

2.2 包装纸盒（箱）的造型与结构设计 / 008

2.3 纸盒成型打样和常用打样和常用打样设备简介 / 009

3 纸盒设计与成型实验指导概述 / 013

实验一：纸盒展开图的绘制 / 013

实验二：纸盒切割成型打样操作 / 014

中篇 实践篇 Practice

4 纸盒展开图的绘制 / 016

4.1 运用矢量软件绘制纸盒展开图 / 016

4.2 运用CAD制图软件绘制纸盒展开图 / 038

4.3 BOX-Vellum纸盒设计专业软件介绍及绘制步骤实例 / 043

5 纸盒切割成型打样操作 / 057

5.1 运用FC4210-60小型纸盒打样设备进行纸盒成型打样 / 057

5.2 运用Producer包装打样系统进行纸盒（箱）成型打样 / 067

6 纸盒的连接成型 / 081

6.1 折叠纸盒的连接方式及成型 / 081

6.2 固定纸盒的制作成型操作 / 084

下篇 鉴赏篇 Appreciation

7 纸盒设计及打样作品简析 / 088

参考文献 / 097

后记 / 098

上篇 概论篇

Abstract

Abstract

1 纸盒（箱）包装概述

1.1 纸盒（箱）的定义和分类

包装制品，从所用的材料划分，可分为四大类：纸、塑料、金属、玻璃。包装选用的原材料不同，决定设计和制作的设备和工艺要求也就完全不同。

图1-1

用纸和纸板为原料、以包装为目的制成的包装容器叫做纸容器。纸容器的采用历史悠久，涉及面广，用量最大，翻新最快，发展势头最好，在包装工业中占有举足轻重的地位。其中，最主要的纸容器是纸盒与纸箱。

纸盒是指体积较小、盛装小型商品的纸容器。由于多用较薄的纸板制作，强度不大，韧性小，故纸盒的容积均不能太大，而多以中小包装的结构形式出现，在运输过程中数个纸盒的外面又套一个大的纸箱，因此，又称纸盒为内包装或小包装，被广泛应用于销售包装中（图1-1）。

纸盒大多数是由纸板或单层瓦楞纸板制成，利用各种纸板（白卡纸、灰卡纸、玻璃卡、细瓦楞纸板、黄板纸等）强度的不同，分别采取切割、折叠、贴接、卡接等各种方法成型。它属于半刚性容器，有一定挺括度和刚冲击、挤压能力，但强度又不及金属和玻璃等硬质刚性容器。

按包装设计和商品生产管理方式，纸盒可分为折叠纸盒和固定纸盒两大类。

折叠纸盒，是运用纸板(含卡纸)按照特定方式设计的盒形与结构，通过模切、压线、折叠、插合或黏接成型的一类纸盒。其特点是不装物时可以折叠压成片状存放，使用时拉开折合成盒即可装物，具有便于大批量机械加工生产、方便堆放储运、节省仓位、适于装潢印刷，方便回收等优越特点，是现代纸盒、纸箱中应用最广泛，所占比重最大的一类。

固定纸盒，也叫粘贴纸盒或裱糊纸盒，是运用纸板和纸，根据一定盒型设计方案，进行压线、切片后，通过组合黏接或裱糊固定成型，不能折叠成平板片状的一类纸盒。由于其表面可以裱贴各种贴面材料，如铜版纸、蜡光纸、彩色纸、仿革纸、丝织品、皮革、塑料、甚至毛纺织物等，并且可以印刷、压凸和烫金等，因此它可以制作成各种精美的盒形，使用时直接容装物品，保护性能与强度极佳。它的缺点是空盒存放与搬运占用的仓位大，由于制作成型较复杂，固定纸盒的成型很大部分需要手工进行，成本较高，但有部分成型简单的已实现了自动化批量生产（图1-2）。

按纸盒的材质分类。一般常见的有白板纸盒、茶板纸盒、白卡纸盒，玻璃卡纸盒、彩板卡纸盒、瓦楞纸板盒、花纹纸裱糊盒、复合纸软包装盒以及特种纸盒(兼用纸塑材料)等。

按板纸厚度的不同分类，一般分为薄板纸盒和厚板纸盒两种。

按纸盒的形态分类，主要分为直型盒（管状）和托盘式盒（扁状）两种。

图1-2

按纸盒结构分类，有摇盖盒、扣盖盒、抽屉盒、手提盒、开窗盒、组合盒、吊挂盒、展示盒（POP纸盒）、拟态盒、特殊结构纸盒（如易开、内隔衬等结构）等。

按纸盒的加工方式可分为手工纸盒与机制纸盒两大类。

按纸盒的应用与配套组合关系，还可分为系列化纸盒，配套组合纸盒，便携式纸盒等。

纸盒的基本常规构造特点，一般都是由承压负重的底部、容装实物的盒(箱)身，覆盖封合顶端的盖部(含盖片和摇翼)三部分构成。纸箱造型都是以方体化为基础，普通的纸盒也是以方体盒为基本代表形。盒身一般是由四面壁板围合折扣或黏接(钉合)组成套筒形式；底部由盒身壁板下端连接的摇翼，设计成盘式或特定的盒底承重封合结构组成；盖部则由壁板上端连接的盖板和摇翼设计成特定的盒盖封合与开启结构构成。

1.2 纸盒（箱）包装的应用现状和前景

由于纸盒的原材料广泛、普遍易取、花色品种多、规格齐全、价廉物美、加工便捷，且制造成本较低、重量轻，并能与塑料、金属、玻璃、绸布等复合使用；便于大批印刷和机械加工，并能保证成品质量稳定，规格一致，且成型的纸盒具有良好的防尘密封能力，以及挺括度和抗挤压的刚性，能有效保护商品，使其不易损坏和变形，而且便于储存、运输、展销和顾客随身携带，并在很大程度上以其精美造型和装潢来宣传美化商品，因而大大提高了商品的竞争性。

在纸、塑料、玻璃、金属四大包装基材中，纸材料不像玻璃那样易碎，也不像金属材料那样沉重，不便携带，更不会有塑料那么多环保问题。与塑料、金属、玻璃三大类包装基材相比，采用LCA(Life Cycle Assessment，即“生态循环评估法”)技术进行量化评估，纸包装是最有前途的绿色包装材料之一。目前，纸盒、纸箱、纸袋、纸桶、纸浆模塑制品等已成为现代包装工业的重要组成部分，广泛用于销售包装和运输包装中，因此，纸材料也被认为是最有前途和潜力的包装材料。

据有关资料统计显示，销售包装中的纸材占整个包装材料的45％左右，不仅用于百货、纺织、五金、电信器材、家用电器等商品的包装，还适用于食品、医药、军工产品的包装。所以说，纸盒应用的发展前景广阔，在包装工业中占有举足轻重的地位。

随着纸包装行业的发展，我国造纸业也快速发展，1996年我国纸板产量85亿平方米，到2000年纸板产量增加到123亿平方米，世界十大纸板生产国中，中国远远超过德、法、意、英、西班牙、巴西、加拿大，仅次于美国、日本（135亿平方米），位居世界第三，“十五”期间，预计我国造纸工业仍将以8%的增长速度发展。

根据未来的市场需求，纸盒包装的发展和突破表现在以下方面：

① 大力发展折叠式包装箱盒，市场前景广阔。国际市场十分流行折叠式箱盒包装，其推广对于中国市场商品标准化和规范化有一定的促进作用。小型组装折叠式包装箱盒主要用于食品、保健品、水果、蔬菜、鸡蛋、冷冻水产品、小家电、仪器仪表、玩具等体积小、重量轻的销售包装。新型折叠包装箱盒数量巨大，品种多，对于包装设计上的创新需求很大。材料上，需要造纸行业调整结构，发展多品种、多规格，高强度、低克重原纸。

② 加速发展中高档纸箱纸盒，调整用纸结构，降低生产成本，实现商品包装轻量化，杜绝过度包装。目前，产品用户对纸包装质量要求越来越高，纸包装企业在激烈的市场竞争中必须向中高档纸箱发展，对纸板和印刷提出更高的要求，所以要发展中高档纸箱纸盒，重点发展低克重、高强度、轻量化纸盒。目前，国际上大行微细瓦楞纸箱纸盒潮流，但在我国的推广还比较缓慢，微细瓦楞包装近年来才逐步得到发展，且在很大程度上将取代实心纸板折叠盒，微细瓦楞纸板包括G楞、E楞和F楞，其中G楞纸板的发展更令人瞩目。由于它们具有瓦楞纸板较佳的物理性能和印刷品质，可以在胶印机上直接印刷，故有既能获得精美的图案，又不会因印刷问题使瓦楞变形而降低或破坏纸板强度的双重效果，使G楞成为其中的佼佼者。

2 纸盒（箱）设计的基础知识

2.1 纸盒（箱）包装的材料应用

2.1.1 纸材料的特性

纸板是制造加工纸盒的基本材料，其质量性能的优劣直接关系到纸盒的自然功能与社会功能的强弱，是纸盒设计与生产的物质基础。定量在$200g/m^2$以上或厚度0.1mm以上，则称为纸板或板纸。通常凡是将纸或板纸经过再加工复合成平板的板式纸材都称为纸板。

纸作为包装材料的优势：

① 具有保护商品的良好性能；

② 易于加工成型、生产；

③ 具有良好的印刷适应性，适合采用各种方法印刷；

④ 便于储存、运输、陈列、销售和使用；

⑤ 与金属、木材、陶瓷、玻璃相比，其本身重量轻，成本较经济；

⑥ 易于回收再生与处理，利于生态环境保护。

缺点：

① 吸湿性。

② 不耐高温。

③ 相对于其他包装材料而言，强度稍差。

2.1.2 纸盒包装的选材

在包装选材时，首先应当考虑包装物品的形态，是多水分物品、湿性物品、液态物品还是固体物，是高脂肪物品还是冷冻物品等，必须注意商品保护性、安全性、操作性、方便性、实用性和流通性等事项。

其次，纸盒包装主要是作销售包装，有传递信息，美化促销的功能，要考虑消费心理及市场需求特点，并考虑商品的用途、销售对象和销售方式等因素，所以，是否有利于提高商品的附加值应成为纸盒选材考虑的重要方面（图2-1）。

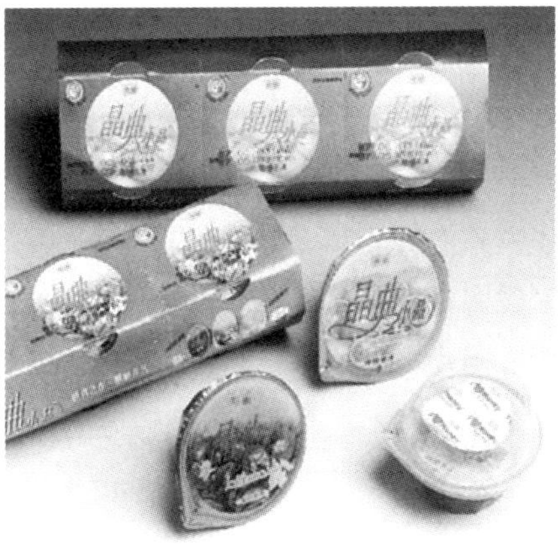

图2-1

另外，在设计中出于成本的考虑，还应注意纸板材料价格及纸板的尺寸和材料价格是否与商品价格相适应。总之，根据加工要求、加工设备条件和运输条件，合理利用材料，减少浪费是必需的。

根据绿色环保要求，纸盒（包括主要纸材和辅助材料）成为包装废弃物时是否利于处理、回收及再生产加工都是不能忽视的环保因素。

除此之外，新的技术、新的市场动态以及经营者和用户特殊要求也会一定程度影响到纸盒设计的选材。在纸盒生产及设计部门，则根据具体情况的不同，在众多的相关因素中，考虑其关键因素。例如，作为纸盒供应商来讲，他考虑的问题可能是以价格为重点；而纸盒制造厂可能考虑的是以制造成本和易于制造作为重点。设计部门考虑的因素则会相对多些，包括功能问题、成本与加工工艺等问题。因此，设计者对材料的认识不应仅仅从书本文字资料中得以了解，更重要的是要通过具体实践，对各种结构进行强度、冲裁等适应性试验，逐渐积累经验，只有这样，才能把握结构设计与材料的合理关系。

2.1.3 纸盒包装材料分类及特点介绍

在纸盒包装中，纸盒的基材纸板有相应的国际标准，主要纸板材料多为符合国际长网规格的长纤维纸板，该类纸板为硫酸漂白纸板，横向延伸率高于3%，含碳量应小于1%，纸质本身应有高强度的结合力。常用的纸板品种有白纸板、盒纸板、挂面纸板、牛皮纸板、瓦楞纸板、双面异色纸板、玻璃卡纸及其他涂布纸板，其中使用涂层白纸板最多，白纸板按重量分类有250g、300g、350g、400g、450g等各种规格。纸板因重量规格不同，纸材的厚度也不同，因而保护和承载重压的强度也不同，设计时可以根据纸盒容积和内装物的性质、特点、重量选择适当厚度的纸板。另外，富有纹理的材质纸板在商品外包装中已经非常流行，特别是化妆品的纸盒包装运用。

因折叠纸盒和固定纸盒各自的特点和用途不同，它们的选材和成型工艺也不同，下面分别就不同特点归类介绍：

折叠纸盒所用的纸板主要有耐折纸板和彩面瓦楞纸板两种。

（1）耐折纸板

耐折纸板一般多用圆网或叠网机制造，只有在个别情况下，才选用单长网或双长网机生产低定量的纸板。耐折纸板有白纸板、盒纸板、挂面纸板、牛皮纸板、双面异色纸板、玻璃卡纸、马尼拉纸板和其他涂布纸板等多种品种。

（2）彩面瓦楞纸板

彩面瓦楞纸板一般是在E型单面瓦楞纸板上覆以彩色印制的面纸而成，俗称小瓦楞纸板。在相同厚度的情况下，彩面瓦楞纸板比一般纸板更加坚实和挺括，因而强度高而重量小，所以彩瓦纸盒一般作为内装物较重和盒形尺寸相对较小的销售包装纸盒使用。采用彩面瓦楞纸板制盒，可以做手提方面的功能设计，方便携带。彩瓦纸盒的不足之处是由于这种瓦楞纸板面纸和基材纸质不同，不能同时进行黏接，黏接时必须有先后才不容易翘曲。

固定纸盒的原材料主要分为基材和贴面材料两类。

① 基材主要选择挺度较高的非耐折纸板。如各种草板纸、刚性纸板和盛装高级食品用的双面异色纸板等。这类非耐折纸板的厚度一般为1～1.57mm，而常用的则是1～3mm的纸板。

② 贴面材料根据所贴纸盒部位不同而有不同的选择。内衬常用白纸、塑料或海绵、白细瓦楞纸等；外贴面材料则可以选择铜版纸、蜡光纸、彩色纸、仿革纸、植绒纸以及布、绢、革和金属箔等。这

些贴面材料可根据需要选择进行印刷、压凸、烫金等加工工艺，另外还用到布、绢、革和金属箔等其他特殊质料进行装饰。

比较常见且应用于纸盒成型方面的各类纸板等材料介绍如下：

白板纸，一种正面呈白色且光滑，背面多为灰底的纸板，以废纸浆或草木纸浆作为中间层，在其一面或两面挂上漂白硫酸纸浆的白色层的挂面纸板。这种纸板具有白色度、平滑、光洁、耐折、良好的成型和适印性能，主要用于单面彩色印刷后制成纸盒供包装使用，广泛用于制作各类产品彩印精美的销售包装盒。

卡纸，介于纸张与纸板之间的一类厚平板纸，定量为220～270g/m^2，有白卡纸、彩色卡纸、玻璃卡纸、各色羊皮卡纸等。纸质坚挺耐磨，表面细微平滑，多用于制作高档包装纸盒、明信片、商品标卡与吊牌等。

茶板纸，即牛皮纸板，一种以木质纤维生产加工且强度高、呈茶褐色的纸板。一般为平板纸，纸质紧密结实，具有优良的耐折度和抗水性能，纸面平滑，有一定的适印性，用于制作销售包装纸盒和高级商品包装纸箱。

瓦楞原纸——用于加工瓦楞纸板芯纸的薄纸板，定量为180～210/m^2，利用草浆或废纸浆制造，具有较好的弹性和延伸性，耐压、抗张力、抗戳穿、耐折叠。在瓦楞机上起楞成呈波浪状的瓦楞纸后，即成为缓冲材料。再与面纸黏合，即成为瓦楞纸板，可制作包装箱、盒及缓冲衬垫。

箱板纸——制作纸箱的纸板，一般以100%硫酸盐木浆或配用部分草浆为原料制作而成。分为特号(牛皮箱纸板)、一号(强韧箱纸板)、二号(普通箱纸板)、三号(轻载箱纸板)四种，定量为200～530g/m^2。纸质坚挺、耐压、耐折叠、抗张力、抗戳穿，颜色为原料本色。具有良好的可加工性和适合印刷的良好性能。适用于制作纸箱、纸盒、纸桶等。

黄板纸，又称草板纸，俗称马粪纸。以稻草、麦草等为生产原料制作而成，且呈黄色的一种低档纸板。有较高的机械强度，挺力好，不变形，耐磨性较差。主要用于制作一般的裱糊纸盒的内胎、纸匣或纸箱衬垫、卷筒芯、卷芯板讲义夹封面硬板等。

瓦楞纸板，以瓦楞芯纸与黏合面纸(纸板)而制成的高强度纸板。瓦楞芯纸有V形和U形两种。瓦楞纸板的类型有单面瓦楞纸板、双面瓦楞纸板(内外3层)、5层瓦楞纸板，最厚为7层瓦楞纸板。瓦楞纸板具有良好的缓冲性能，耐压、耐折叠、抗张力、抗戳穿，表面可印刷。广泛应用于制作运输包装箱和销售包装箱、盒及缓冲衬垫材料。

硬聚氯乙烯（RIGID PVC）透明片材，PVC中加冲击改性剂和有机锡稳定剂，经混合、塑化、压延而成为透明的片材。利用热成型可以做成薄壁透明容器、真空吸塑包装，也常常与纸结合，例如开窗、装饰等，是优良的包装材料和装饰材料。

除此之外，还包括具有特殊功能的复合纸材，如以白纸板制盒，盒内粘贴或放置以玻璃纸、聚乙烯或铝箔、聚乙烯制成的筒袋，以实现防潮、防水、保香、耐油，从而可用于粉状商品(调味品、药品)、粒伏商品(咖啡豆、糖果）、糊状商品（果酱、黄油）、块状商品(饼干、糕点)、仪器或医药手术用具的包装。又如漂白牛皮纸浆的纸板两面涂上树脂或蜡层，可用来盛装鲜奶或冰激凌。也可在纸盒内衬以铝箔或塑料薄膜，用于包装酒或饮料。此外，还可以在纸盒内装入塑料内衬如耐煮沸的尼龙复合袋、聚酯复合袋等，这种包装结构可用于牛奶、果汁、酒、饮料的小包装，在灌装中可采用快速高温消毒，无需冷藏即可保鲜半年以上，且包装成本仅为铁罐、玻璃罐包装的1/10和1/6。

2.2 包装纸盒（箱）的造型与结构设计

纸盒是一个立体的造型，它是用纸材来塑造，由若干个组成的面的移动、堆积、折叠、包围而成的多面形体构成的。但纸盒设计不是单纯的纸塑造型，任何设计都要受到诸多因素的制约，包装是依赖于所包装的产品这个主体的，所以，纸盒也会无法避免地受到被包装物的形状、尺寸、生产加工程序、成本核算；集装、储运；销售、使用和回收等等因素的影响，因此，它必须遵循“科学、经济、美观、适销”的设计原则来进行造型与结构的设计。长期以来，我国纸包装对结构设计不重视，许多因选择材料不当及不合理的结构设计，造成了惊人的经济损失；而部分企业重视设计，改进包装结构后既节约了大量的经费开支，还起到很好的产品促销作用，使经济效益倍增。这说明包装结构设计效果直接影响产品的命运，是决定产品能否实现其价值的重要因素之一，优秀的纸盒造型结构设计将有助于提升商品的竞争力。可见，若想真正实现包装容纳商品、保护商品、推销商品、方便使用商品的功能，则必须重视纸盒的造型与结构设计。

纸盒主要借助纸材料和各部位具体的结构来支撑组合成型。同时，纸盒的结构又形成一定的外部形态，这就是纸盒的造型。纸盒用结构来解决功能的实际问题，但如果没有造型的形式美感表现，也是很难被市场和消费者认可的，这就好像是一篇文章的内容和形式，缺一不可（图2-2）。

纸盒造型设计像一种抽象形态的语言表达方式。这种语言的表达应该是变化多样、丰富多彩的。在纸盒设计中，同一个结构可以同时开发多个有变化的造型，适应包装造型多样化开发的需要。纸盒的造型可以从生命力、动感、体量感、深度感等方向去挖掘和创造，同时结合节奏、对比、比例、融合、变化与统一、动感等形式美原则，以营造出生动而富有情趣的纸盒包装的造型。同时，纸盒造型的性能如何，将直接影响到纸盒包装结构的强度、刚度、稳定性和实用性，即纸盒结构在流通过程中是否具有可靠保护产品和方便运输、销售等各项实用性能。在设计中，造型与结构设计是融为一体的，造型依赖各部位具体结构来体现，结构依赖造型而生存。

纸盒结构设计是根据保护产品功能与消费产品的实用功能要求，结合产品特点与包装造型、材料等因素，解决包装承载、排列、隔离、支撑、固定、封合保护产品，以方便生产加工、销售和使用等功能问题，是包装设计中极其重要的构成部分。因而，包装结构必须依据特定的包装功能与形态进行设计，确定开启方式、各部位的具体结构与组合方式等（图2-3）。

图2-2

图2-3

纸盒包装结构应结合材料特点和成型规律，应充分发挥多面体的成型特点，巧妙地运用形体语言来表达商品的特性及包装的美感。除此之外，它还涉及生产过程的工艺环节，包括纸盒的平面结构图、刀模制作、糊盒成型等，这些环节都应该在设计时就考虑周全。这就要求设计师应对纸盒的结构工艺有相当的了解，以便这种设计产品能够投入生产过程。

纸盒结构包括包装主体盒身、盒底和盒盖封合结构及辅助结构（功能性结构）等。为了便于流通、展示和使用，一般盒底结构设计主要解决封底与承重的问题，要求保证承载、支撑强度，力求简单可靠。而对于纸盒盒体结构设计，纸盒盒盖结构设计的要求是组装简单、开启容易、不易自开、美化促销；对盒身与盒盖除了保护的功能外，还有货架效果起决定性作用的部分，盒身可通过在纸面上不同部位的切割、压痕或作不同切口线型的变化，获得各种盒体形状的变异，而各种盒型的变化与创新都离不开立体构成的原理，还经常应用到一些数学几何原理，且为使之美观实用，纸盒体形的变化还要兼顾保护、实用和美观性，设计上要善于创新思维，开发更多新颖而实用的纸盒（图2-4）。

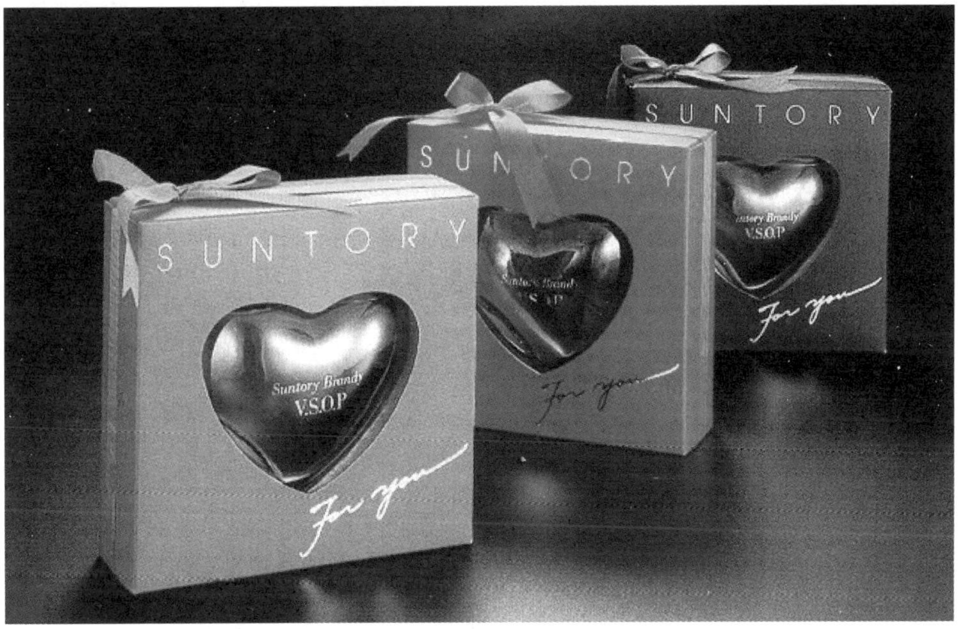

图2-4

除了纸盒的基本结构——盒盖、盒身、盒底外，还有如手提、开窗、组合、吊挂、POP展示等特殊功能性结构。此外，还有进行特殊造型需要的曲线曲面支撑，缓冲固定结构等，这些内容的掌握对于纸盒设计制作成型实验的进行非常重要。请参看本人编写的《现代纸盒造型与结构设计》第四章、第五章，在这里不做详细介绍。

2.3 纸盒成型打样和常用打样设备简介

纸盒成型打样，是验证前期纸盒设计，通过打样修正设计，达到客户和生产的要求。它包括选材是否恰当、结构是否合理，造型是否美观，以及是否适合产品定位，确定工艺方法和手段，验证是否具有可操作性等。一般包装企业或设计公司在接受客户委托及客户对产品的规格要求后，会先行制作一或数个样品，并交由客户进行修正、确认，并签定合同批量生产，可见，纸盒成型打样这个环节非常重要，不可省去。

纸盒（箱）打样机是纸箱厂用于制作纸箱样品的机械，属于前期设计验证、生产预备工作用的机械。 纸包装企业要跟上行业发展大潮，势必苦练“内功”不可，以增强企业设计开发能力，应用设计打样系统这个竞争“利器”，才能真正立于不败之地。今天中国的纸箱行业正在以前所未有的速度发展着，在华南和华东两大行业发展的龙头地区，打样系统正以每年超过百台的速度在普及，打样系统的普遍应用必将推动整个纸箱行业向更高层次发展。

纸盒（箱）打样工作原理主要是，把事先经过专业软件处理过的文件图形包含有实际箱样所需的压痕线型，切割线型(瓦楞纸/卡纸/菲林纸)，以及可能还包括尺寸标注，文件注解等(卡纸/菲林纸等)，根据实际的需要安装好不同的切割刀具/压线轮/绘图工具，经过网络或数据线以一定的格式传送到机器上，机器就会自动识别图形中的各种线型而选用相应的工具(刀/压轮/笔)，同时根据对应的参数设置，如工作速度、工具类型、刀片切割的深度、压痕的深浅等进行工作，完成箱样或绘图。过去奇形怪状的卡通、拼图等一般只能用模切板来做，而一些三维立体的箱样、物品不可能一下子就设计出来，必须经过反反复复的修改、组装，才能达到真实的效果；打样机提高了工作效率，保证了精美真实的设计效果。

目前大多数打样机都至少包括以下几个组成部分：机台(包括工作台)部分；电气控制及驱动部分；真空吸附系统；组合工具头(切割/压线/绘图)；图形传输及操作系统等；有的打样机还必须要有压缩空气系统。性能良好的切割打样机不仅拥有先进的计算机辅助设计功能和一整套优越的数控程序,还应用激光能量进行激光切割和雕刻，同时具有快速、准确、低噪音、工序简单和易学等众多优点。光洁的切割线、完美的折痕，确保了所制作产品的优秀品质。现代研发的整套盒型打样系统为纸箱包装、彩盒行业企业提供了全套自动化的整体解决方案。

目前，国内市面流行的主要有邦友科技的NRGP系列切割机、NRG-D系列多功能切割机（可以加工瓦楞、卡纸、PVC、铝塑板等多种材料）、FC系列切割机，另外，还有福建奥科、东莞信奥等公司生产的系列纸盒纸箱打样机等（图2-5～图2-8）。

图2-5　NRGP系列切割机

图2-6　NRG-D多功能切割机

图2-7　Producer系列切割机

图2-8　FC4210纸盒打样机

FC4210纸盒打样机
设备参数：
- 600g重的切割压力。
- 画笔，卡纸用切刀，压痕工具标准配备。
- 最厚切割能力350g重的卡纸。可以加工卡纸、PVC等多种材料。

博业激光应用技术有限公司生产的几个系列打样机（图2-9），采用专业包装设计软件和三维立体技术，以数据化信息直接与系统联机作业且具有集激光切割/绘图/机械压线于一体的多功能机头，连续切割提高效率，全封闭式激光线路，避免安全事故。它的高性能激光雕刻切割控制平台—CA控制系统，采用独特的智能预测算法和改进型的控制算法，确保加工快速、平稳、高效，运行速度、激光能量实时可调，极大地方便了客户的操作需要，切割能量自动补偿功能、切割效果得到极大改善。

图2-9　BZ-1814激光打样机

本实验室拥有FC4210-60小型纸盒打样机、PRODUCER包装打样系统两种打样设备。这些设备都是目前市面上普遍使用的，特别是PRODUCER包装打样系统，它具有良好的操作性能，能满足学生实践操作的需要，让设计和输出实践有效地衔接，使设计不至于和实践脱节，有利于学生的实践能力的培养和设计水平的提高。

3 纸盒设计与成型实验指导概述

纸盒设计与成型技术课程是从科学原理出发，根据不同纸质材料特点和多种成型方式，以及包装的各部分结构要求，专门研究包装纸盒结构与造型的一类课程。课程内容讲述纸盒包装的功能、设计目的、设计内容、设计方法等，使学生了解纸盒包装与商品、环境、消费者的关系，以及纸盒内部结构要素之间的关系，掌握纸盒设计的造型规律和方法、设计要领与成型技术。

为了使学生更好地理解和深刻地把握这些知识，本学院在前期课程基础上开设了本实验课程。通过此实验课程可以协助学生验证纸盒设计的理论与原则，并且培养自己独立思考、树立逻辑观念、分析及整合能力。同时，训练了学生的动手操作技能，以及将艺术与技术高度融为一体，并将其运用到设计实践中的基本能力。

根据以上要求，本课程设置的具体实验项目有：① 纸盒结构图的设计与制作。② 纸盒切割机操作与切割压痕成型练习，两项均为综合性实验。

实验一：纸盒展开图的绘制

纸盒结构图的设计与制作实验，是从科学原理出发，根据纸盒结构设计的要求，联系包装的功能、设计目的、设计内容、设计方法等专业理论课程所讲述的内容，使学生了解纸盒包装内部结构要素之间的关系，并了解纸盒的材料特点，掌握纸盒造型与结构设计的基本规律和方法、设计要领与成型技术，训练学生徒手表现和绘制技巧及绘图软件的应用能力，结合设计创作能力培养他们动手表达、运用电脑软件绘制纸盒结构图的操作实践能力。

实验内容和课时分配为：

① 纸盒材料、结构认识及草图设计（4学时）

仔细观察比较常见纸盒材料，并对纸盒的各种盒型进行观察，以提高认识。在此基础上进行徒手表现纸盒结构的草图设计，并且不断修改完善，为后期的电脑软件绘图提供素材。

② 电脑软件绘图（4学时）

从草图中选择较为完整、可行的方案，运用电脑绘图软件CorelDRAW、Illustrator、ArtiosCAD及BOX-5专业纸盒绘图软件标准规范地完成绘制。

③ 文件转换

无论用何种软件绘制的纸盒结构图，都要将设计好的盒型文件导出成纸盒切割设备可以识别、读取的文件格式或版本，以便实验进一步展开。

本实验条件和环境，包括实验多媒体电教机房、电脑及相关绘图软件等。

此实验主要设备是电脑和CorelDRAW、Illustrator或AutoCAD等普及型矢量绘图软件，以及ArtiosCAD

包装结构设计和BOX-5专业纸盒设计绘图软件。

实验中的注意事项：用电脑绘图软件绘制纸盒结构图时，要注意切割线、压痕线和标注线的分层，若层次不清，则输出容易出错。同时，要反复调整边线、夹角、圆弧等处的精准程度，直到完全对齐，没有重叠、错位、缝隙等现象，并且需将完成的盒型文件导出成设备所能识别的文件格式，确保纸盒结构图能够准确地被设备输出。

实验二：纸盒切割成型打样操作

纸盒切割机操作与切割练习实验，主要要求学生了解纸盒打样设备的原理和功能，熟悉纸盒模切和成型的整个过程，掌握正确的操作方法，能够熟练操作纸盒切割压痕设备制作平压模切版，并且把模切好的纸样折立成折叠式纸盒。通过学生实际动手、亲自验证的方法，培养学生操作设备时快速、精准、细致的实践技能，提升学生的设计实践能力。

实验内容和课时分配为：

① 用FC4210-60小型纸盒打样设备进行纸盒成型打样（4学时）

内容包括纸盒展开图文件的格式转换及界面介绍，以及运用FC4210-60纸盒打样实例操作步骤。

② 用PRODUCER包装打样系统进行纸盒成型打样（4学时）

内容包括PRODUCER包装打样系统软件介绍、PRODUCER包装打样设备介绍、PRODUCER纸盒打样实例操作步骤等。

③ 粘贴式固定纸盒的成型操作（4学时）

内容包括运用PRODUCER纸盒打样设备将硬纸材切割裁片、纸盒的粘贴成型，进行贴面装饰等。

本实验条件和环境包括纸盒实验操作间、电脑及相关绘图软件、FC4210-60小型纸盒打样机、PRODUCER包装纸盒、纸箱打样系统。

实验注意事项：确定盒型尺寸与设备的匹配；注意纸盒公差的预留；切割边缘必须平齐；对精确度把握准确；切割刀的高度必须调整到与纸板厚度一致，避免对设备造成损坏。用FC4210-60小型纸盒打样设备进行切割时，纸材不宜过厚。

以上两个实验均不撰写实验报告，根据实验内容上机操作，绘制纸盒平面展开图并完成纸盒切割作业若干件。

实验分别安排在学院教学实验中心多媒体实验室上机绘制展开图和纸盒成型实验室打样操作；如条件许可，可自行另外增加用机机时，也可在老师带领下到包装企业设备操作间参观学习。

本指导书以艺术院校包装设计学生为主要对象，结合纸盒设计的基本理论与原则，尽量详细、全面地介绍了纸盒设计成型的过程和步骤，有效地解决实际操作的具体问题，既实用，操作性又强。

本指导书是包装设计专业纸盒设计与成型技术课程内的必修实验课用书，其他艺术设计专业也可选修或作为自学参考。

中篇 实践篇

Practice

Practice

4 纸盒展开图的绘制

4.1 运用矢量软件绘制纸盒展开图

矢量软件是采用矢量的方式进行运算和存储的软件，目前，专业设计人员广泛使用的矢量软件主要有Illustrator、CorelDraw、Freehand等，它们的性能优良，能保证一幅作品从设计、构图、草稿、绘制、渲染全部过程的顺利完成。

在纸盒设计中，矢量软件能发挥出它的强大绘图功能完成纸盒展开图的绘制。因为包装装潢平面设计是基于绘制好的纸盒展开图而进行的设计，有了标准的平面展开图，才能确切地将图形、色彩、文字的编排置于平面展开图里，所以能将矢量软件绘制纸盒平面展开图和平面装潢设计一同进行，简单易行。另外，运用矢量软件绘制的纸盒展开图，也可以通过一定的文件格式转换，导入到打样设备系统进行纸盒切割打样。

4.1.1 Illustrator软件简介及绘制步骤实例

（1）Illustrator软件相关简介

Illustrator是Adobe公司开发的强大的工业标准矢量图形处理软件，广泛运用于平面广告设计、工业设计、网页设计及一些简单的文字排版等领域。Adobe Illustrator有完整的绘图工具，最大特征在于贝赛尔曲线的使用，使得操作简单的矢量绘图成为可能，有利于纸盒展开图的绘制。

在纸盒的切割压痕打样实验中，FC4210-60切割机适用的是Illustrator软件的AI格式文件进行输出。而PRODUCER包装打样系统是基于CAD的系统平台，所以，在PRODUCER包装打样系统打样输出时需要把AI格式导出转换为CAD软件的dwg格式，以适应打样的需要。

（2）常用的绘制纸盒展开图Illustrator操作命令介绍

① 文档新建、打开、保存等命令

这是最常规操作，要注意确定好文件的尺寸大小、格式等，此处不做详细介绍。

② 辅助工具的运用

绘制包装纸盒结构图一般需要分别用到Illustrator CS3中的标尺、网格和参考线3种辅助绘图工具，根据不同的情况用不同的辅助工具帮助精确绘图。

标尺可以在绘制包装结构图的过程中帮助精确地放置和度量对象，保证纸盒的标准尺寸比例。提示：如果在标尺上单击右键，会弹出一个菜单，可以用于选择不同的度量单位。

网格用于帮助对齐对象，比如说包装盒面与面的衔接，打开网格可以更快更精准地对齐多个对象。显示出标尺和网格的文档窗口如图4-1所示。

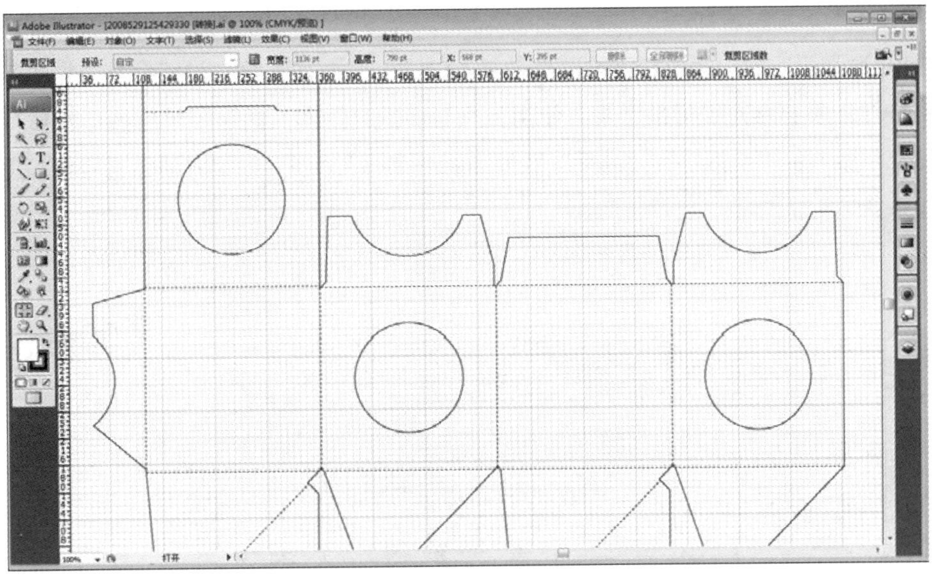

图4-1　显示标尺、网格

提示：如果选择“视图”菜单下的“对齐网格”命令，则移动对象时，对象会自动对齐网格。如果选中了“视图”菜单下的“像素预览”选项，则“对齐网格”会变为“对齐像素”。

如果要更改网格线的间距、网格样式、网格颜色，或者指定网格是出现在图稿前面还是后面，可以选择“编辑”菜单下“首选项”的“参考线和网格”命令，打开“首选项”对话框，然后设置具体选项。

参考线可以帮助设计者在绘制时对齐图形对象，以及绘制出纸盒大概的比例尺寸，在纸盒包装图的绘制中是个很常用的辅助工具，通过拉出多条参考线来框定纸盒的尺寸。也可以在绘制图形之前先拖出水平或垂直各两条参考线来固定绘图的尺寸和位置，如图4-2所示。

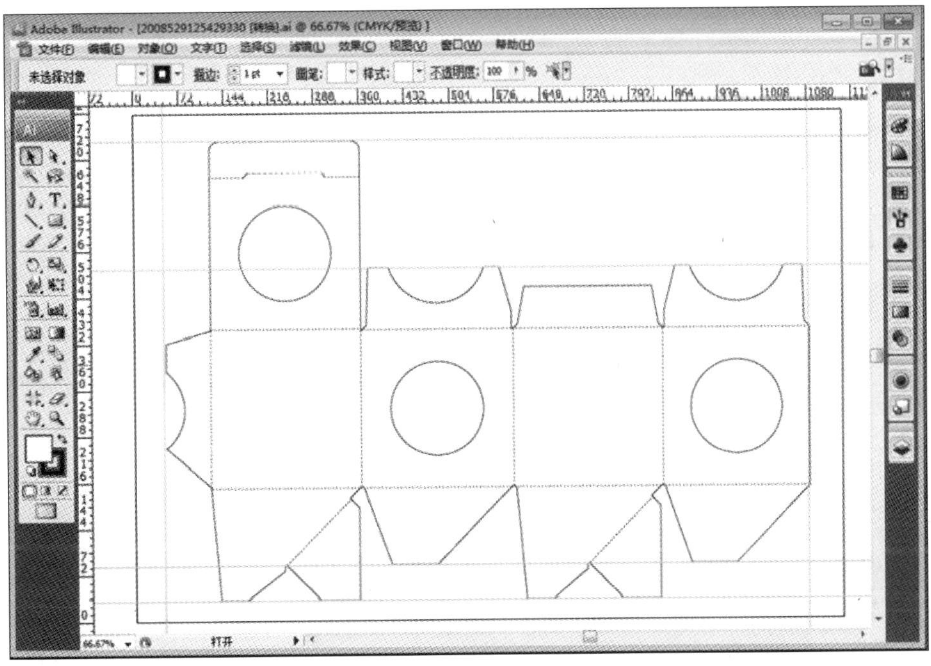

图4-2　使用参考线

③ 运用基本形绘制包装盒

a. 绘制矩形和正方形。矩形和正方形是最基本的图形之一，是绘制包装纸盒结构的基础图形，在绘制开天辟地盒以及标准盒型时最常用。使用工具箱中的“矩形工具”，单击鼠标左键，在“矩形”对话框内输入要绘制的“宽度”和“高度”数值如图4-3所示，便可以很方便地直接绘制出纸盒的六面体，不需要用钢笔工具勾绘。

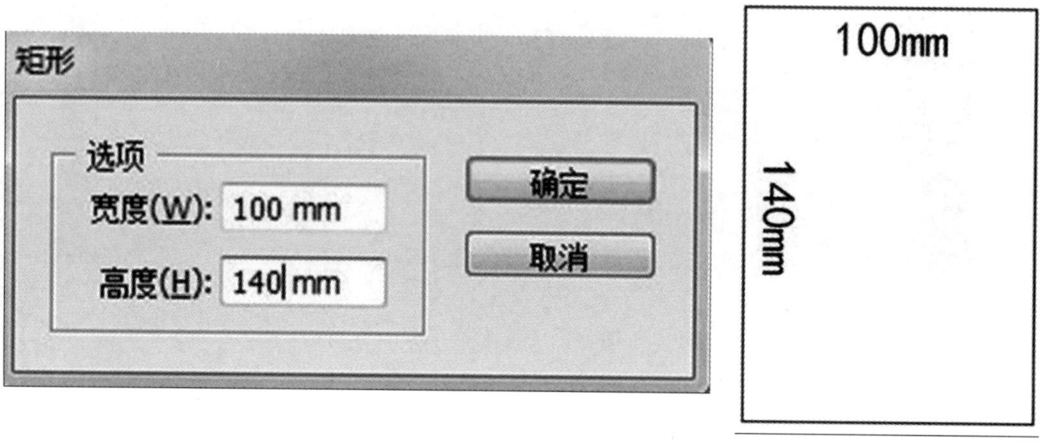

图4-3 “矩形”对话框

提示：宽度和高度的单位默认值为mm，也可以直接输入其他单位，例如“10cm”、“30px”等，输入完成后Illustrator CS3会自动转换为默认的单位。

b. 绘制圆角矩形。圆角矩形一般用于绘制开窗盒，开窗部位常使用圆角矩形。按住工具箱中的“矩形工具”不放，然后单击弹出面板中的“圆角矩形工具”。打开“圆角矩形”对话框，然后输入圆角矩形的“宽度”、“高度”和“圆角半径”的数值，如图4-4所示。输入完毕，单击“确定”按钮即可创建指定的圆角矩形。

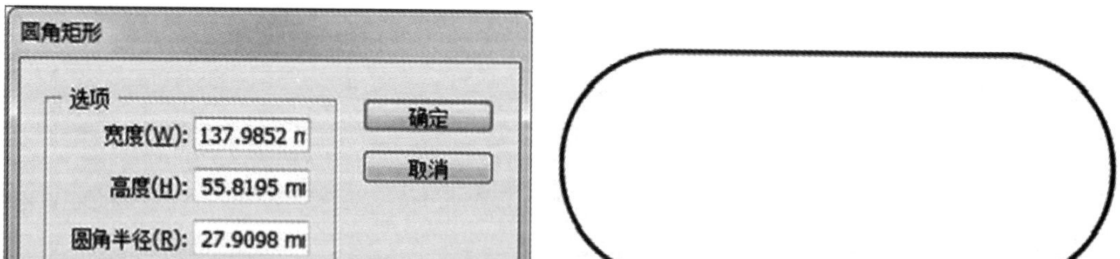

图4-4 “圆角矩形”对话框

c. 绘制多边形。多边形多用于绘制异形盒，比如莲花盖纸盒、八角形纸盒等等。当绘制这一类纸盒时，使用多边形工具和星形工具可以更快捷地绘制出纸盒形状。

使用“多边形工具”可以绘制各种多边形纸盒。选择工具箱中的“多边形工具”，打开“多边形”对话框，输入所要绘制纸盒的多边形的“半径”和“边数”数值，如图4-5所示。输入完毕单击“确定”按钮。

图4-5 “多边形”对话框

提示：如果在拖动时按住向上方向键，可以增多多边形的边数；如果按向下方向键，可以减少多边形的边数，最少可减少为三条边，即三角形。拖动时按住Shift键，可以绘制正立的多边形。拖动时按住Alt键可以从中心开始绘制。拖动时按住~键可以绘制出多个多边形。

d．绘制直线段。工具箱中的“直线段工具”可以方便快捷地绘制任意直线段，是纸盒包装结构设计中常用的工具。如要绘制一个有尺寸标准的包装盒，只需要输入规定的数值，就能绘制出所需尺度的线段，使用直线段工具能绘制出不同盒型和尺度的包装盒。选择工具箱中的“直线段工具”，在插图窗口中单击鼠标左键，打开“直线段工具选项”对话框，如图4-6所示。在对话框中可以设置直线段长度与角度的数值，设置完毕单击“确定”按钮。

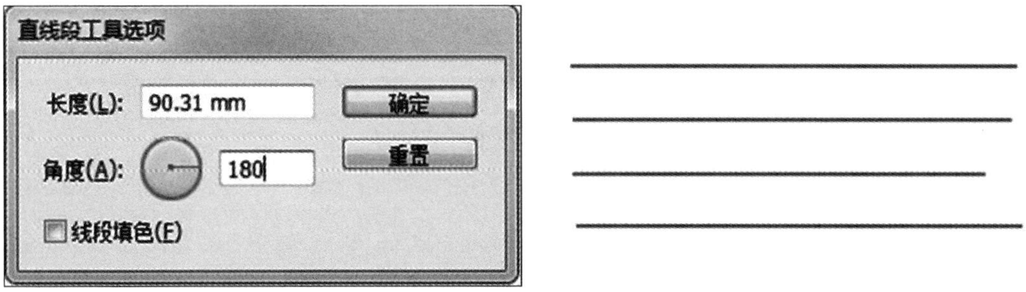

图4-6 “直线段工具选项”对话框

e．绘制弧线。使用工具箱中的“弧线工具”可以轻松绘制纸盒插舌的圆角半径，半径的标准为半径等于插舌减去肩的长度。在插图窗口中按下鼠标左键并拖动，拖动到合适的位置时释放鼠标左键，得到一条弧线，或者打开“弧线段工具选项”对话框，如图4-7所示，设置完X轴长度（决定半径弧线宽度）与Y轴长度（决定半径弧线高度）、类型（决定是开放还是闭合路径）、基线轴、凹凸率是否填色等，单击“确定”按钮，如图4-8所示。

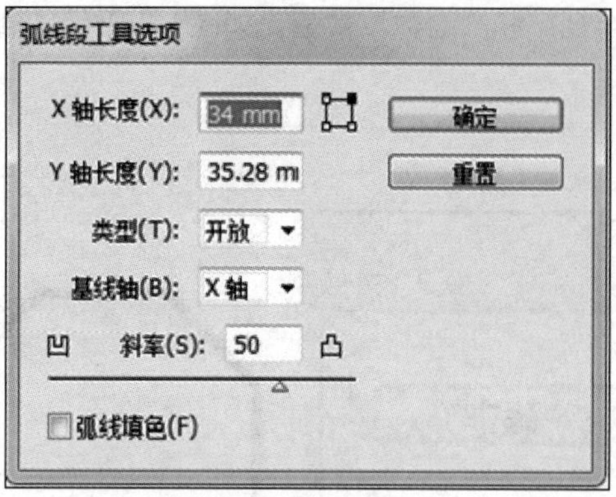

图4-7 “弧线段工具选项”对话框

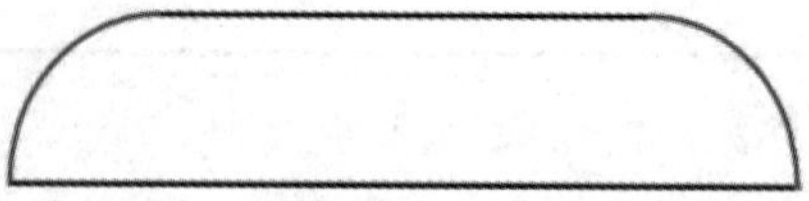

图4-8 纸盒插舌

f．运用钢笔工具绘制结构。运用好钢笔工具是绘制纸盒包装结构图的基础，Illustrator中的钢笔工具可以用来绘制直线和弯曲路径。钢笔工具不仅可以用来绘制标准盒型，还能绘制出各种异型盒。

绘制直线——通常多用来绘制标准盒型，例如开天辟地盒。

步骤01

选择工具箱中的“钢笔工具”。

步骤02

移动鼠标指针到要创建的直线的起点并单击，创建第一个描点。

步骤03

移动指针到要创建的直线的终点，创建另一个描点，这样就可以绘制出一条直线，可以用这种方式绘制出矩形等规则的图形。如图4-9所示。

图4-9 绘制直线

步骤04

如果要创建由直线段组成的闭合路径，比如绘制纸盒的自动底，则最后应将鼠标指针定位到第一个描点上，单击可以得到如图4-10所示的闭合路径（红色线段）。

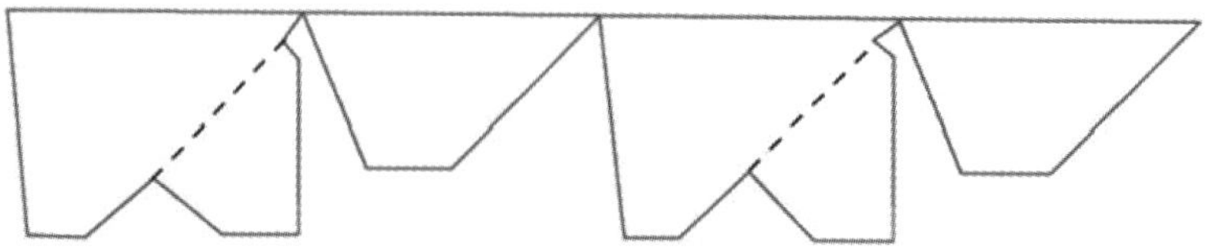

图4-10 钢笔绘制闭合路径

提示：不管是绘制直线、开放路径还是闭合路径，都可以通过按住Ctrl键的同时单击路径以外的空白处来结束路径绘制；也可以选择工具箱中的“选择工具”单击路径以外的某空白处结束绘制。

◎绘制弯曲的路径——通常多用来绘制异形盒，不受约束，可以任意绘制图形。

步骤01

选择工具箱中的“钢笔工具”。

步骤02

在插图窗口中按下鼠标左键，此时在画布上出现第一个描点，拖动鼠标，可以看到如图4-11（a）所示的方向点。当曲线斜率达到要求后，松开鼠标左键。

步骤03

在希望曲线结束的位置再次拖动鼠标左键，创建第二个平滑点，如图4-11（b）所示，曲线斜率达到要求后松开鼠标左键。

步骤04

如果希望继续绘制曲线，则在第三处位置继续拖动以绘制曲线，创建第三个平滑点，如图4-11（c）所示。

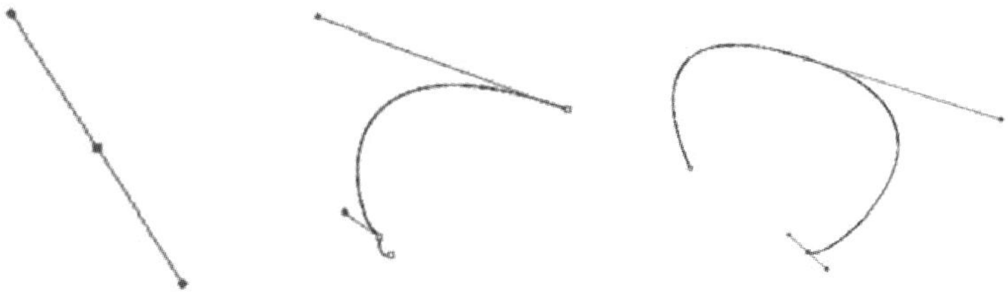

（a）　（b）　（c）

图4-11　绘制曲线

步骤05

如果要闭合路径，则最后应该指向第一个平滑点，当指针变形状时，单击即可闭合路径，如图4-12所示。如果要调节结点，按住Ctrl键鼠标点击要修改的图形，此时图形处于编辑状态，然后按住Alt键调节结点。

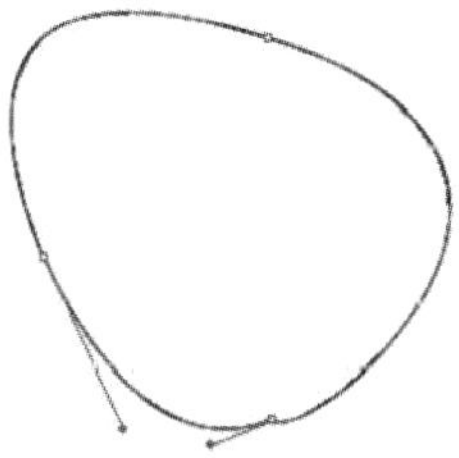

图4-12

⑦ 异形盒绘制的便捷武器——高级对象的操作

要绘制好异形盒，除了要掌握钢笔工具的使用方法，更要熟悉路径查找器的操作方式，结合“路径查找器”和“形状模式”这两个工具就能更有效地绘制出理想的异形盒。

首先要打开“路径查找器”面板，可以选择“窗口”菜单下“路径查找器”命令，或者按住Shift+Ctrl+F9组合键，“路径查找器”面板如图4-13所示。

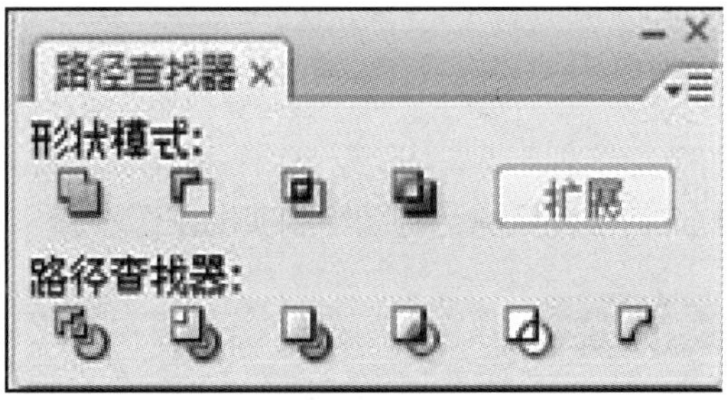

图4-13　“路径查找器”面板

在“路径查找器”面板中，最上面的一排是“形状模式”按钮，下面一排是“路径查找器”按钮。“形状模式”按钮是我们在绘制纸盒时经常使用的，这些按钮命令，可以将许多简单路径经过一定的运算后生成各种复杂的形状，下面我们来具体介绍“形状模式”按钮。

“形状模式”按钮中有四个按钮命令，其中“相加”、“相减”和“相交”按钮命令是我们在绘制纸盒结构时频繁用到的。

“相加”就是两个对象相加，重叠区域被剪掉，产生一个新的对象。例如我们可以用“相加”快速地画出纸盒的盒盖部分，如图4-14所示。

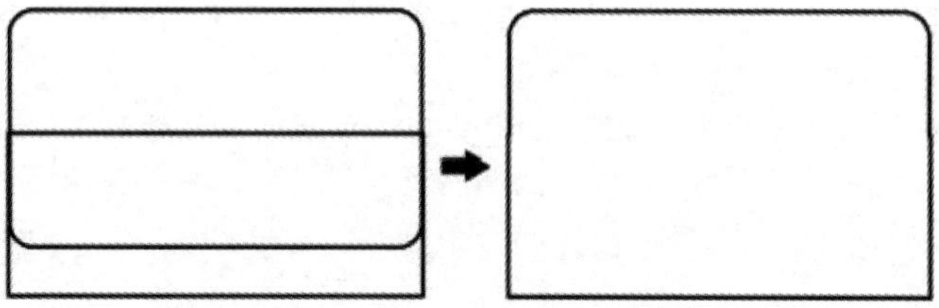

图4-14 相加前后的对象

“相减”就是从最后面的对象中减去最前面的对象。例如我们可以用“相减”快速画出纸盒的插舌部分，如图4-15所示。

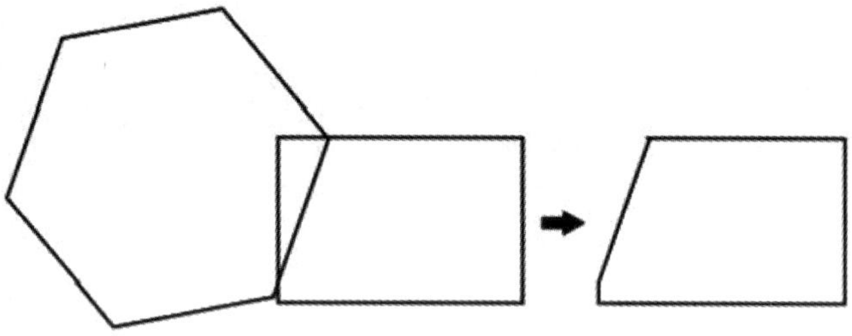

图4-15 相减前后的对象

“相交”就是保留多个对象互相重叠的部分，而没将重叠的部分删除。例如当我们画三角形吊卡盒时，盒盖的形状就能用“相交”命令切出来再画上折合线即可，如图4-16所示。

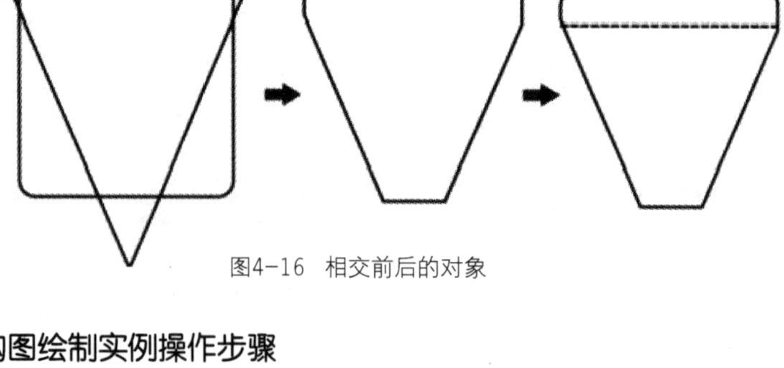

图4-16 相交前后的对象

（3）包装纸盒结构图绘制实例操作步骤

实例一

绘制牙膏包装盒（矩形盒）展开图

流程：通过建立参考线—绘制模切线—绘制压痕线。

提示：牙膏盒通常为开天辟地盒，标准尺寸为：长45mm（纸盒的开口处，也就是纸盒的第一个尺寸），宽35mm （纸盒的第二个尺寸），高195mm（盒的深度）。

步骤01

选择“文件”菜单下的“新建”命令或按住Ctrl+N组合键，打开“新建文档”对话框。

步骤02

输入文档的名称，并按如图4-17所示设置其他选项。

步骤03

单击“确定”按钮，完成新文档的创建。

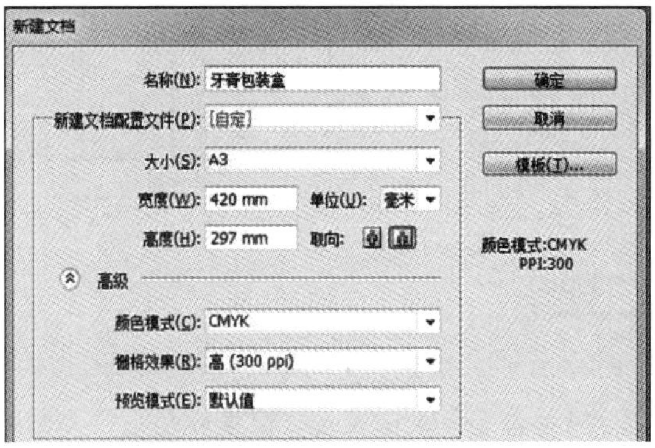

图4-17　“新建文档”对话框

步骤04

选择“视图”菜单下“显示标尺”命令。

步骤05

根据要制作的包装盒展开图，我们来绘制展开图参考线。首先使用矩形工具，在插图窗口中单击鼠标左键，打开“矩形”对话框，然后输入矩形的“宽度为45mm”和“高度195mm”绘制出包装盒的主展示面（正面），如图4-18所示。

步骤06

在插图窗口中单击鼠标左键，打开“矩形”对话框，然后输入矩形的“宽度为35mm”和“高度195mm”绘制出包装盒的侧展示面（侧面），如图4-19所示。

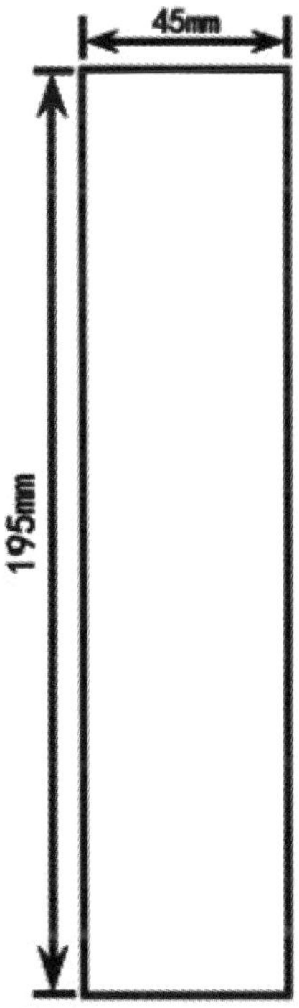

图4-18　盒子正面

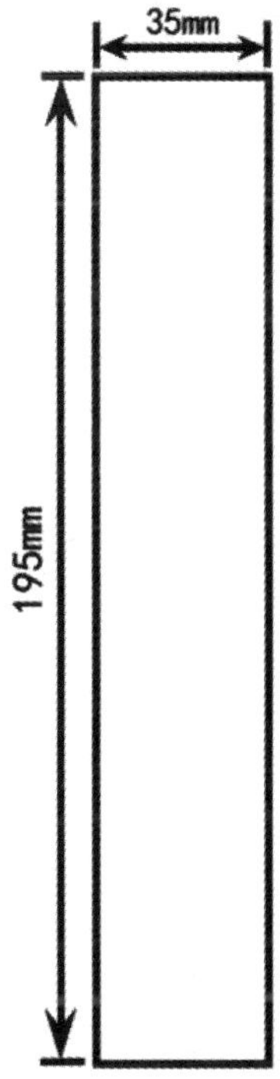

图4-19　盒子侧面

步骤07

按住Alt键分别复制以上两个矩形，这样盒子的四个面就绘制出来了，使用选择工具把盒子的四个面对齐靠拢，如图4-20所示。

步骤08

使用矩形工具，在插图窗口中单击鼠标左键，打开“矩形”对话框，然后输入矩形的“宽度为10mm”和“高度195mm”绘制出包装盒糊头，如图4-21所示。

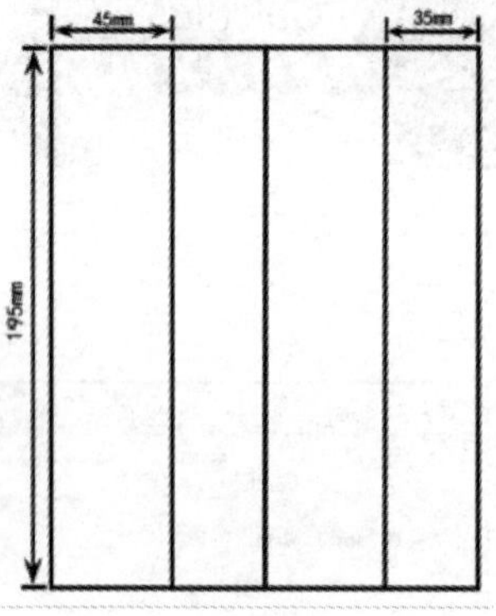

图4-20 盒子的四个展示面

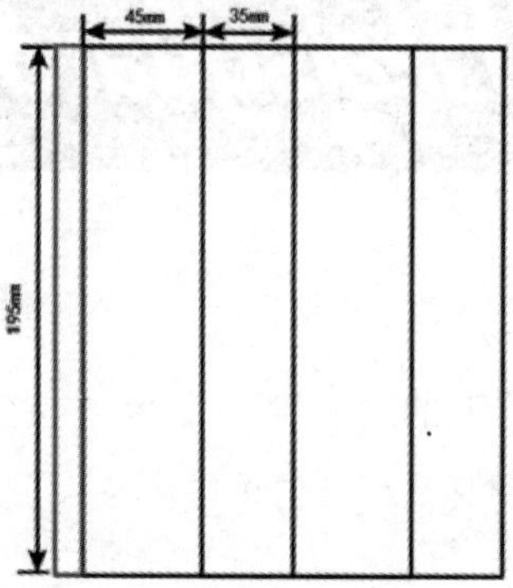

图4-21 糊头的绘制

步骤09

使用矩形工具，在矩形对话框中输入“宽度为45mm”和“高度46mm”绘制盒盖和盒底（其中宽度就是盒子正面的宽度，高度就是盒子侧面的宽度+10mm的插舌），如图4-22所示。

步骤10

使用矩形工具，在矩形对话框中输入“宽度为35mm”和“高度25mm”绘制纸盒防尘翼（其中宽度是纸盒侧面的宽度，高度是1／2盒盖高度＋1／2插舌的高度），如图4-23所示。

步骤11

使用选择工具，框选出整个图形，鼠标放在绘制的图形上单击鼠标右键点击下拉菜单“创建参考线”，牙膏盒的大致结构图参考线就绘制出来了，如图4-24所示。

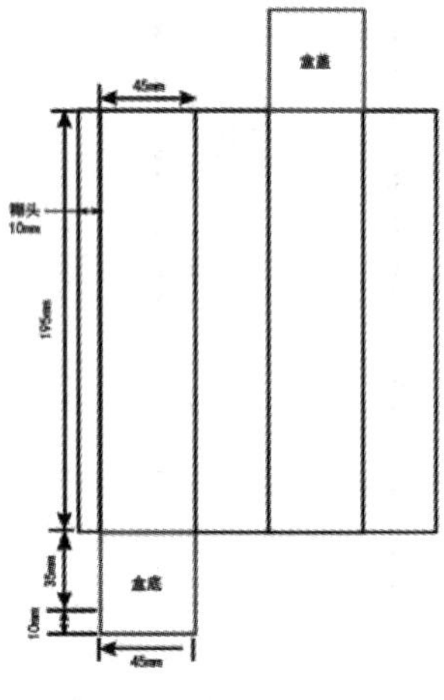

图4-22 盒底、盒盖的绘制

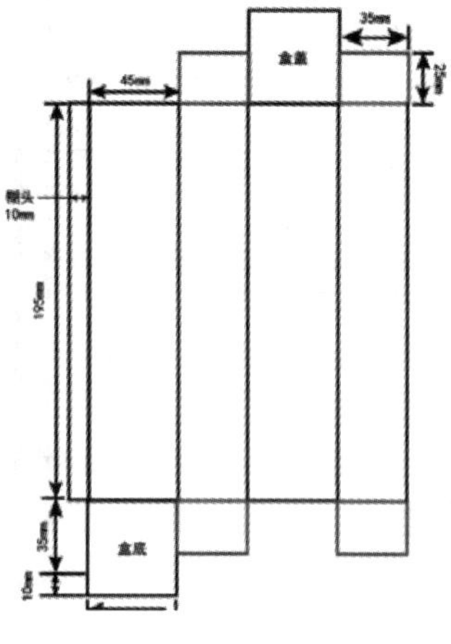

图4-23 防尘翼的绘制

图4-24 创建牙膏盒参考线

步骤12

根据绘制出的参考线（锁定参考线），再使用“钢笔工具 ”细致地勾画包装盒的模切线（外轮廓线），绘制防尘翼、盒盖，以及纸盒的糊口襟片，如图4-25、图4-26所示，最后我们绘制盒底和防尘翼（方法同上），绘制完成后将鼠标位置顶到第一个开始的描点上，形成闭合路径，整个牙膏盒的模切线绘制完毕。

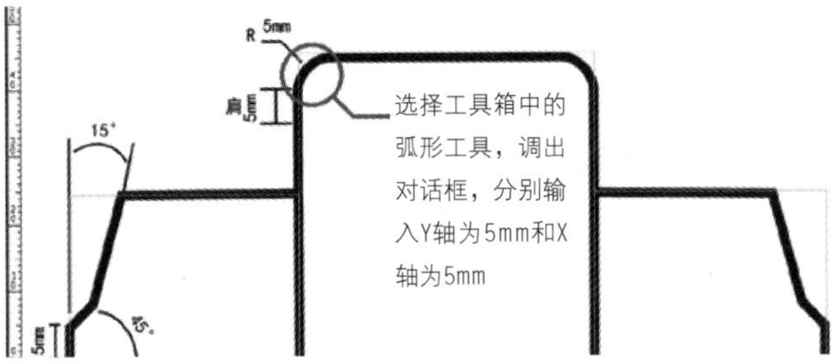

图4-25　防尘翼、盒盖

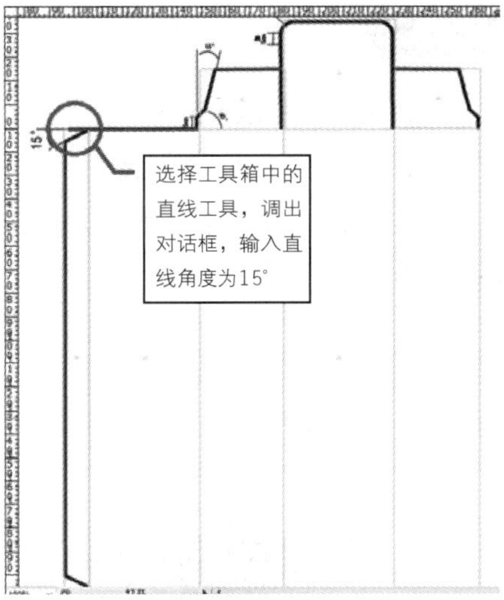

图4-26　糊口

步骤13

新建图层，使用“直线工具”绘制中间的压痕线，如图4-27所示。此阶段已完成的纸盒平面展开图的边框轮廓绘制，可以去掉之前的标注，纸盒包装的平面装潢设计编排就可以在这个展开图上进行设置了。

提示：在Illustrator软件中要分两个图层来分别绘制模切线和压痕线，并用不同的颜色线条标示出模切线和压痕线，完成了绘制，并可进行下一步输出打样。

步骤14

如果要绘制成一个标准的施工制作图，还需要用通用标准的线条符号和标注绘制。绘制完成以上步骤后，应将压痕线在“描边”面板中将其改为虚线，并附加尺寸和文字标注，如图4-28所示，图中有作图的理解说明标注可以省略。

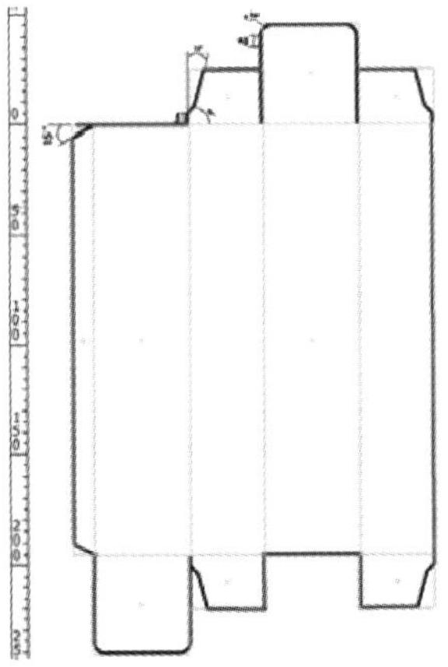

图4-27　牙膏盒模切线

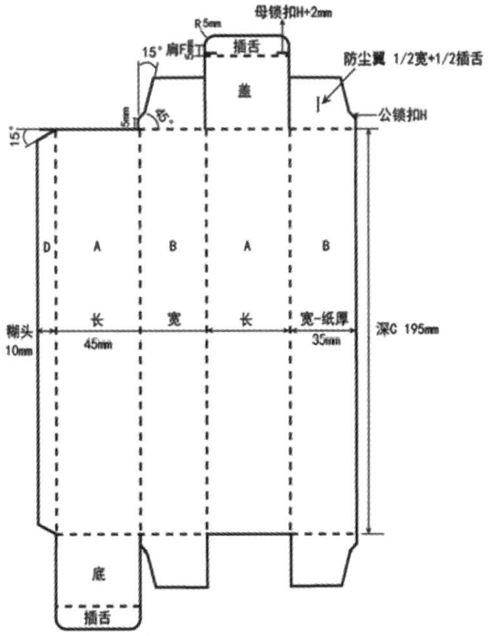

图4-28

H　母锁扣应比肩（公锁扣）大0.2cm

R　半径等于插舌减去肩长

F　当盒长尺寸在3.0~6.0cm时，F（肩）长应为0.5cm

D　糊头尺寸可在1.0~1.6cm

I　防尘翼1/2宽+1/2插舌

步骤15

绘制图形完毕后，单击“文件”菜单下“另存为”按钮，文件类型保存为AI格式（存为8/ 9 /10 AI版本，目前FC4210-60纸盒切割打样机高于这三个版本时不能输出），完毕后单击“确定”按钮完成文件存储，下次输出时打开文件即可。

实例二

绘制异形盒包装展开图

流程：建立参考线—绘制模切线—绘制压痕线。

如图4-29所示，这个异形盒是茶叶纸盒包装，造型独特、新颖，特殊的开启方式。现将它的绘图步骤表述如下：

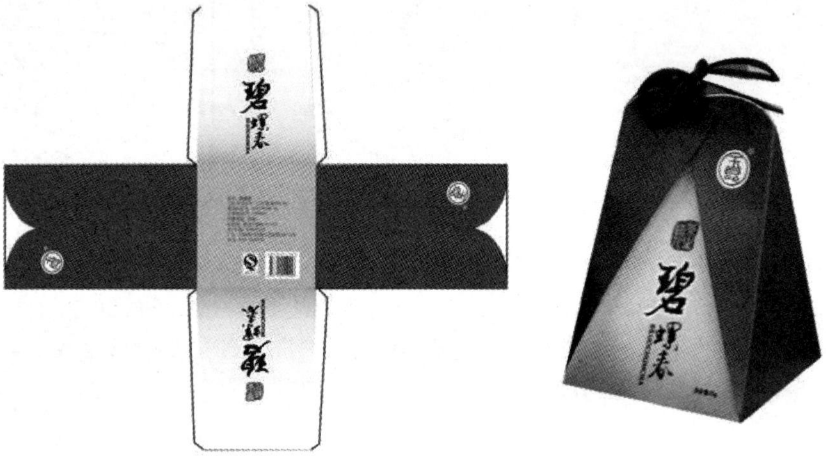

图4-29　茶叶纸盒包装

步骤01

选择“文件”菜单下的“新建”命令或按Ctrl+N组合键，打开“新建文档”对话框，输入文档的名称，并按如图4-30所示设置其他选项，单击“确定”按钮，完成新文档的创建。

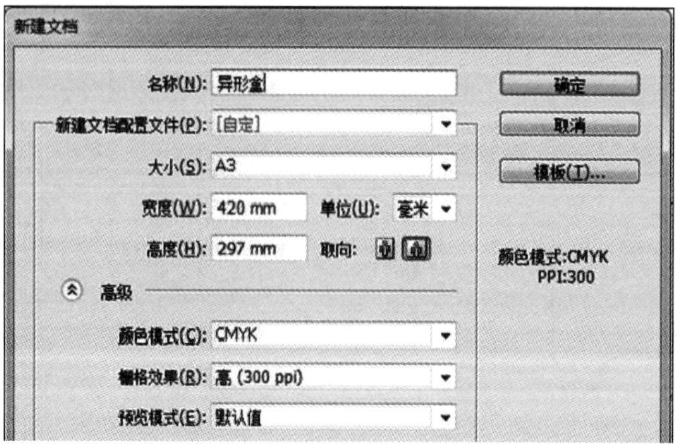

图4-30　“新建文档”对话框

步骤02

选择“视图”菜单下“显示标尺”命令和“显示网格”命令。

步骤03

根据要制作的包装盒展开图，我们来绘制展开图参考线。首先使用矩形工具，在插图窗口中单击鼠标左键，打开“矩形”对话框，然后输入矩形的“宽度为100mm”和“高度100mm”，绘制出盒底，如图4-31所示。

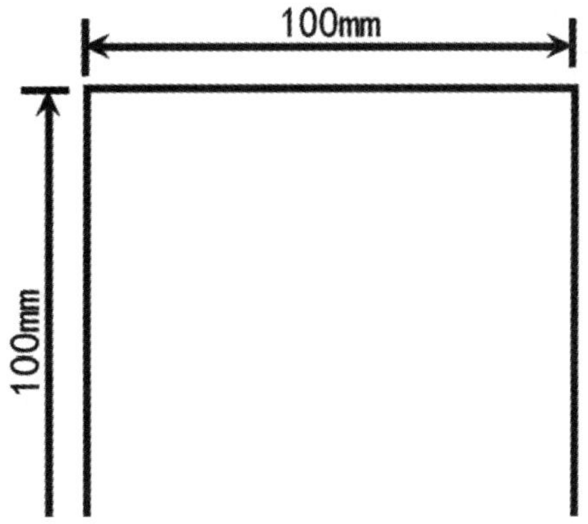

图4-31　盒底的绘制

步骤04

在插图窗口中单击鼠标左键，打开“矩形”对话框，然后输入矩形的“宽度为100mm”和“高度130mm”绘制出包装盒的展示面，如图4-32所示。

步骤05

使用矩形工具，打开“矩形”对话框，然后输入矩形的“宽度为12mm”和“高度130mm”绘制出包装盒的防尘翼，如图4-33所示。

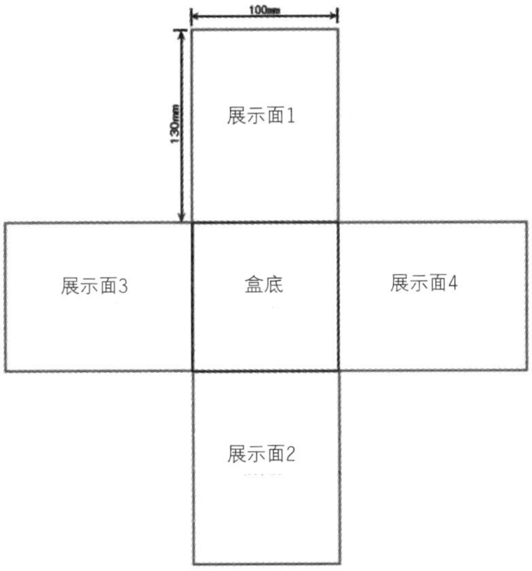

图4-32　展示面的绘制

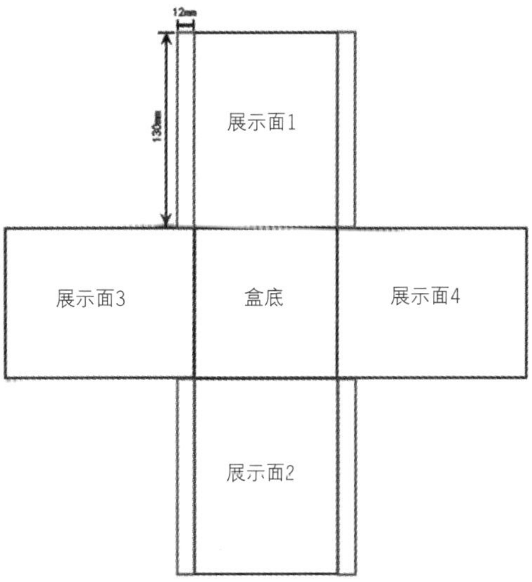

图4-33　防尘翼的绘制

步骤06

使用标尺工具，确定展示面3和4高度（100mm）的中点，沿着中点绘制一条30mm的线段。然后再使用多边形工具，输入边数为3，绘制展示面3和4，如图4-34所示。

步骤07

使用选择工具，框选出整个图形，单击鼠标右键点击下拉菜单“创建参考线”（图4-35）。

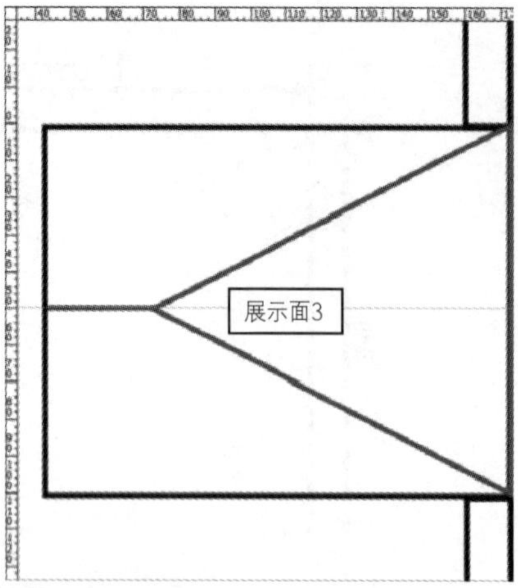

图4-34　绘制展示面3、4的细节

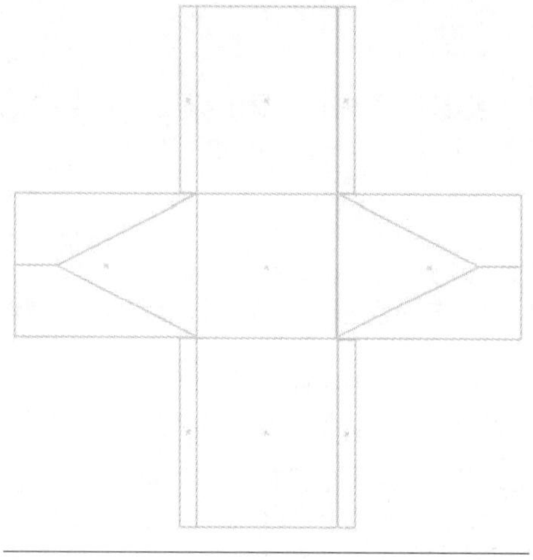

图4-35　创建参考线

步骤08

根据绘制出的参考线（锁定参考线），使用“钢笔工具”细致勾画包装盒的模切线（外轮廓线），首先我们来绘制展示面1和2，接着同样使用钢笔工具完成绘制展示面3和4，在展示面3和4上钻出可固定捆扎的孔。如图4-36所示，异形盒的模切线就全部绘制完毕，如果去掉之前的标注，纸盒包装的平面装潢设计编排就可以在这个纸盒边框轮廓展开图上进行设置了。

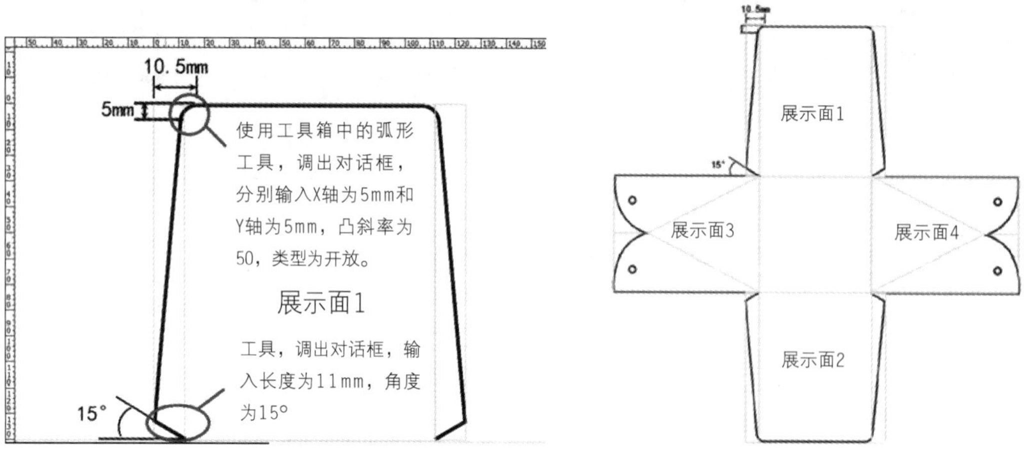

图4-36　纸盒轮廓细节模切线的绘制

提示：模切线一般用实线绘制，即印刷所用的刀模线，标识的是要裁切的位置，在印刷时应去掉，下面将要绘制的压痕线为虚线，是不需要裁切的线，但是压痕以便折叠。在AI中要分两个图层来分别绘制模切线和压痕线。

步骤09

要绘制成一个标准的施工制作图，还需要用通用标准的线条符号和标注绘制。新建图层，使用“直线工具”绘制压痕线，如图4-37所示。可以在绘制完直线段后，在“描边”面板中将其改为虚线，先来绘制展示面1和2，接下来我们绘制展示面3和4的模切线，直接使用直线工具按住我们先前建立的参考线绘制，如图4-37所示。

步骤10

异形盒的模切线绘制完毕，最后我们要加上标注，如图4-38所示。

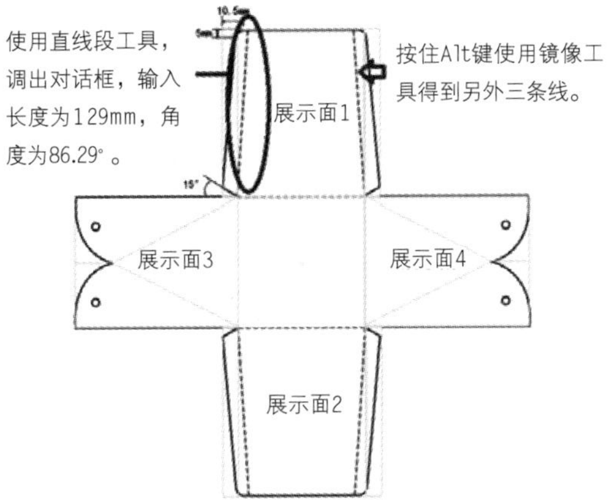

图4-37　绘制展示面1和2的模切线

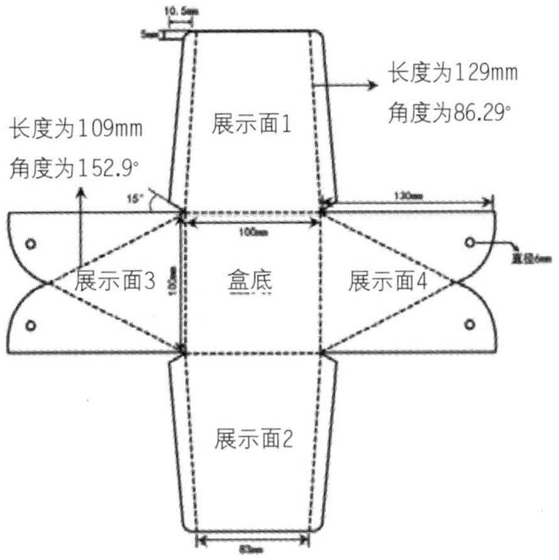

图4-38　标注

步骤11

绘制图形完毕后，为了能在进行纸盒切割成型实验时上机使用，因成型操作识别的软件版本不同，可能需要设置合适的版本才能操作。单击“文件”菜单下“另存为”按钮，文件类型保存为AI格式（存为8/9 /10 AI版本，目前打样机高于这三个版本不能输出）完毕后单击“确定”按钮完成文件存储。

附录

Illustrator CS3 纸盒包装结构设计常用快捷键列表	
名 称	快捷键
选择	V
直接选择	A
钢笔	P
添加描点	=
删除描点	-
转换描点	Shift+C
直线段	\
矩形	M
椭圆	L
旋转	R
变形	Shift+R
自由变换	E
网格	U

裁剪区域	Shift+O
抓手	H
切换颜色 / 描边	X
新建	Ctrl+N
打开	Ctrl+O
存储	Ctrl+S
还原	Ctrl+Z
重做	Shift+Ctrl+Z
编组	Ctrl+G
取消编组	Shift+Ctrl+G
显示标尺	Ctrl+R
显示透明度网格	Shift+Ctrl+D
建立参考线	Ctrl+5
锁定参考线	Alt+Ctrl+;
隐藏参考线	Ctrl+;
显示网格	Ctrl+´
图层	F7
路径查找器	Shift+Ctrl+F9
描边	Ctrl+F10

4.1.2 CorelDraw软件介绍及绘制步骤实例

（1）CorelDraw软件相关简介

Corel公司出品的CorelDraw作为世界一流的平面矢量绘图软件，被专业设计人员广泛使用，它的集成环境（称为工作区）为平面设计提供了先进的手段和最方便的工具。在CorelDraw系列的软件包中，包含了CorelDraw、CorelPhotoPaint两大软件和一系列附属工具软件，可以保证一幅作品从设计、构图、草稿、绘制、渲染全部过程的顺利完成。CorelDraw是系列软件包中的核心软件，功能强大。

在纸盒（箱）的切割压痕打样实验中，FC4210-60切割机应用的是Illustrator软件的AI格式文件进行输出，所以，CorelDraw软件的CDR格式应导出转换为AI格式。另外，PRODUCER包装打样系统是基于CAD的系统平台，所以，在PRODUCER包装打样系统打样输出时，需要把CDR格式导出转换为CAD软件的dwg格式，以适应打样的需要。

CorelDraw软件工作界面的正上方的菜单栏是组合和分类菜单的栏目，总共提供了【文件】、【编辑】、【查看】、【版面】、【排列】、【效果】、【位图】、【文本】、【工具】、【窗口】、【帮助】11个主菜单，主菜单下面又包括菜单项和子菜单，各级菜单之间以级联的形式逐级显示。

工具箱默认位于界面的左边，拥有工具65种，我们绘制纸盒展开图时不需要使用全部工具，在绘制纸盒的过程中将使用如下工具，它们的作用如表4-1所示。

表4-1 绘制纸盒工具名称及其作用

按钮	名称	作用
	挑选工具	选择对象、设置对象大小、倾斜和旋转对象
	形状工具	编辑对象的形状
	缩放工具	更改绘图窗口中的缩放级别
	手绘工具	绘制单独的直线和曲线
	贝塞尔工具	连续绘制曲线
	矩形工具	绘制矩形和方形
	钢笔工具	一次绘制一段曲线
	度量工具	绘制垂直、水平、倾斜或带角度的尺度线
	多边形工具	绘制对称式多边形和星形
	箭头形状工具	绘制各种形状、方向以及不同头数的箭头
	轮廓工具	单击可以打开【轮廓笔】对话框，主要用于设置线条的颜色、宽度、样式等属性
	轮廓颜色对话框	单击可以打开【轮廓笔】对话框，主要用于设置轮廓线的颜色
	无轮廓工具	单击可以使对象无轮廓
	细轮廓线工具	设置轮廓线的宽度为0.216点
	1*2点轮廓工具	设置轮廓线的宽度为0.5点
	1点轮廓工具	设置轮廓线的宽度为1点
	颜色泊坞窗工具	单击可以打开【颜色】泊坞窗，从而调出各种色彩
	填充颜色对话框	单击可以打开【单色填充】对话框，主要用于为对象填充单色

另外，调色板默认位于工作界面最右侧，由不同颜色的色块组成，单击这些色块可以填充对象的轮廓色或填充色。泊坞窗默认位于工作界面右侧，是编辑图像的重要辅助工具。与调色板相似，泊坞窗也可以按功能分为不同类型，包括功能管理器、属性面板、信息浏览器等。可以利用不同的泊坞窗管理各种功能、设置工具和对象属性、选择绘图颜色、编辑图像以及显示各种信息等。导航栏默认位于工作界面左下方，其显示了绘图页的总数以及当前活动页面的页码，在设计工作中可以起到导航的作用。状态栏位于工作界面的最下方，在选取对象的情况下，其显示了当前编辑对象的属性信息，例如对象的名称、填充和轮廓颜色、工具提示、对象的宽度和高度以及位置信息等。

虽然CorelDraw软件和Illustrator软件由不同的公司开发，界面和结构形式会有所不同，但同为矢量软件，其功能大同小异，在绘制纸盒展开图常用的命令操作上也是差不太多的，此处就不再就标尺、网格、辅助线和常用绘制纸盒展开图CorelDraw操作命令作介绍了。

（2）包装平面展开图用CorelDRAW X3绘制步骤实例

实例一

本实例讲述的是异形盒包装的平面展开图绘制方法，以可折叠三角形快餐盒（肯德基的劲爆鸡米花）包装为例来进行讲述，讲述了异形盒包装的平面展开图绘制步骤。

所用工具：矩形工具、贝塞尔工具、形状工具、辅助线等。

步骤01　新建文件，设置大小

首先启动CorelDRAW X3应用程序，并在其属性栏中将大小设置为A3，再单击“横向”按钮，如图4-39所示，设置后的页面如图4-40所示。

图4-39　设置文件大小

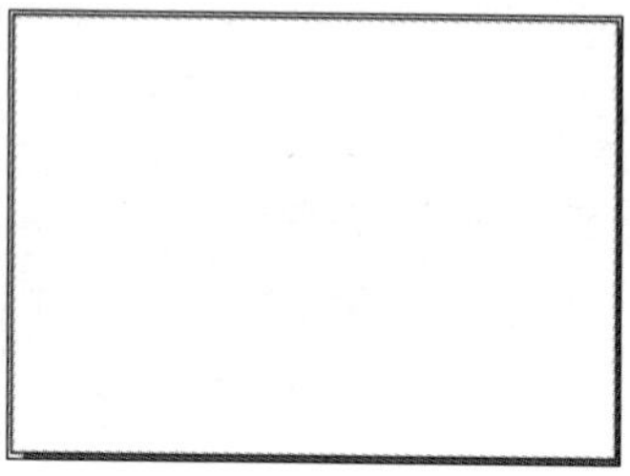

图4-40　新建的文件

步骤02　绘制矩形并调整

单击工具箱中的“矩形工具”按钮，使用该工具在图中合适的位置绘制一个矩形，并将矩形的大小设置为60mm×128mm，如图4-41所示，调整后的矩形如图4-42所示。

步骤03　添加辅助线

使用鼠标在图像窗口中添加辅助线，由左侧的标尺向右进行拖动添加两条辅助线，一条旋转72°，另一条旋转54°。由上面的标尺向下面进行拖动添加一条辅助线，旋转342°，如图4-43所示。

步骤04　绘制出图形并对其进行调整

单击工具栏中的“贝塞尔工具”按钮，根据辅助线的位置，绘制其需要的三角形，如图4-44所示。

图4-41　调整矩形大小

图4-42　调整后的矩形

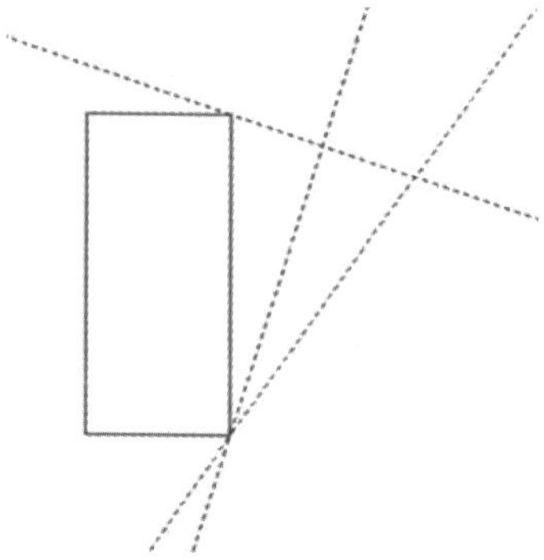

图4-43　添加辅助线并调整

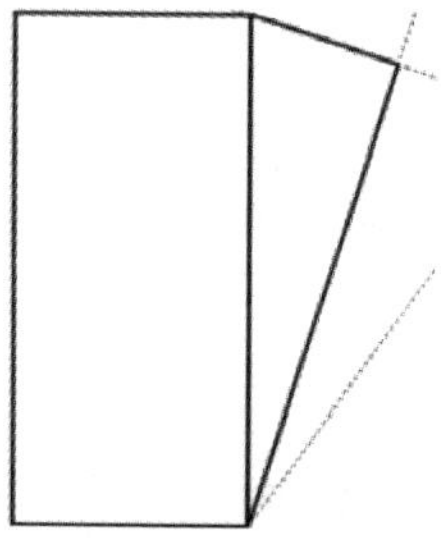

图4-44　绘制其需要的三角形

步骤05　复制旋转并调整位置

选中所画的两个图形，然后在“变换”里点击“应用到再制”，如图4-45，选择镜像，旋转144°，如图4-46所示。最后调整其位置，如图4-47（1）所示。选择两个三角形，在“变换”里选择“应用到再制”，选择镜像，在“变换”里水平移动：-135.237，也可以对齐好位置即可。如图4-47（2）所示。

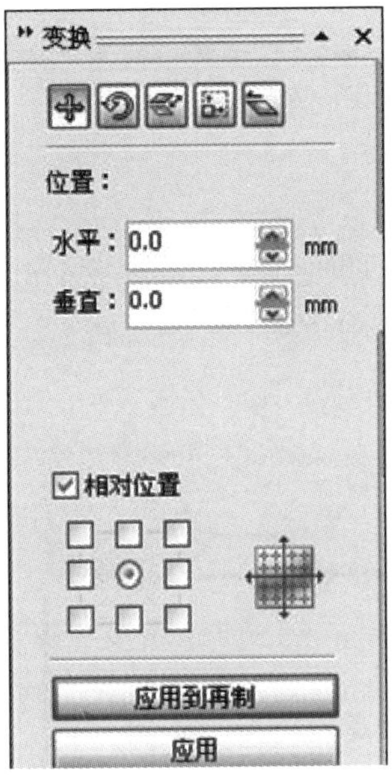

图4-45　应用到再制

图4-46　旋转

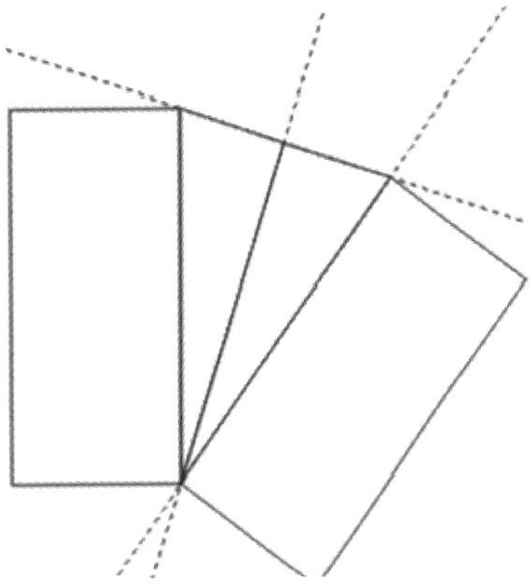

图4-47（1）　调整后的图形

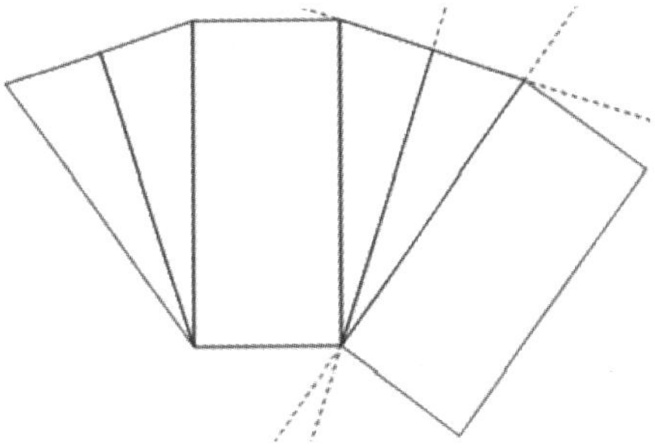

图4-47（2）　调整后的图形

步骤06　绘制摇翼边

先绘制一个矩形60mm×25mm，并对齐，如图4-48所示，然后添加辅助线，如图4-49所示，根据辅助线绘制出摇翼边，然后去掉矩形隐藏辅助线即可，如图4-50所示。把绘制出的摇翼边进行复制，并镜像旋转144°到另一边，如图4-51所示。

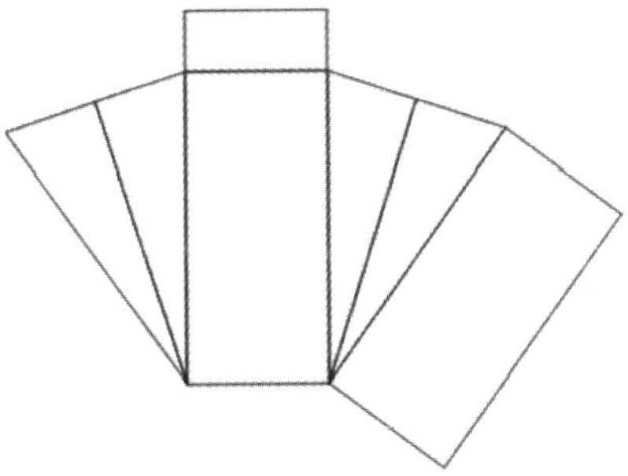

图4-48　绘制矩形并调整位置

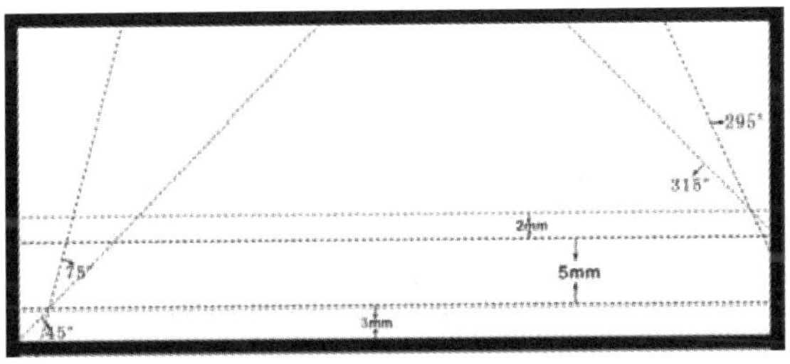

图4-49　添加辅助线并调整位置

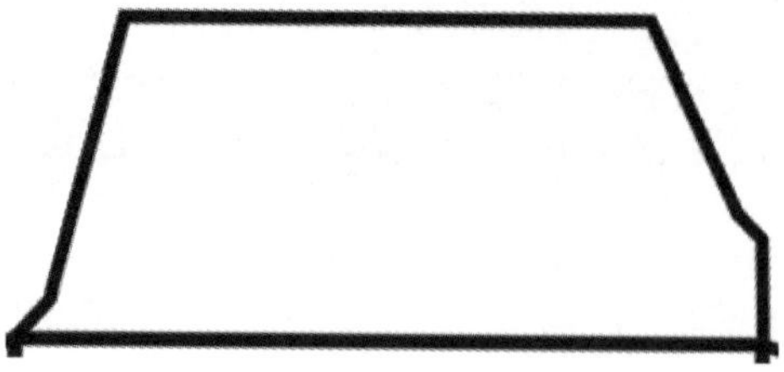

图4-50　根据辅助线绘制的摇翼边

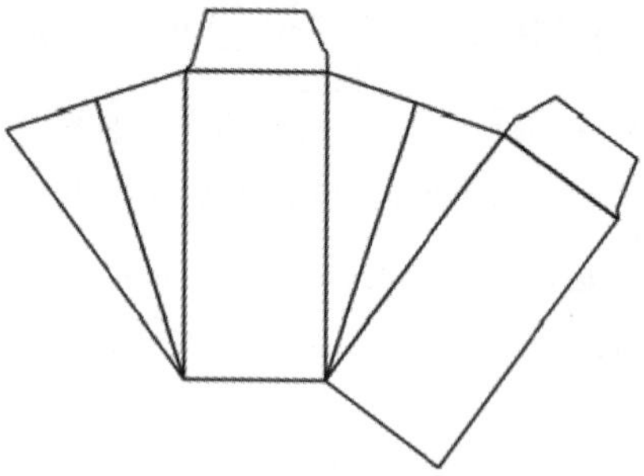

图4-51　复制旋转调整后的摇翼边

步骤07　绘制盖和插舌

① 先绘制一个矩形80mm×60mm，然后绘制一个78mm×15mm的矩形，并把这两个矩形对齐，然后用“贝塞尔工具”制作一个上底为22mm、下底为32mm、高为8mm的梯形，放置其于上矩形的中间，如图4-52所示。选中梯形和上面的小矩形，点击“属性栏”里的前剪后，如图4-53所示。

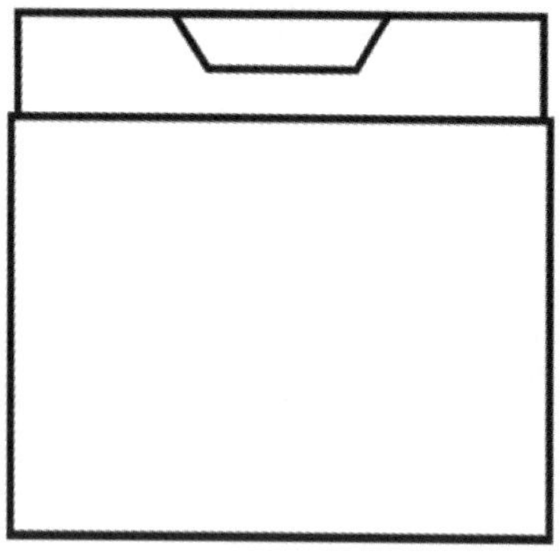

图4-52　绘制矩形和梯形并对齐

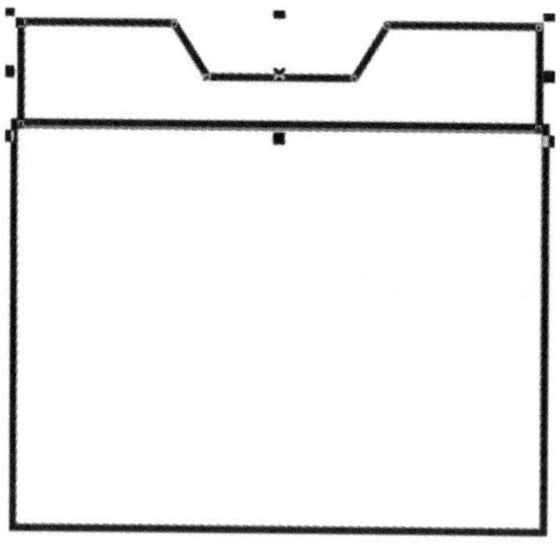

图4-53　使用前剪后工具

② 选择插舌部分，点击形状工具，选中左上角的节点，如图4-54所示，然后在窗口下边的泊坞窗选择圆角/扇形切角/倒角，选择圆角，半径设置为11.0mm，如图4-55所示，再点击“应用”即可，如图4-56（1）所示。同理可把插舌部分的右上角变成圆角，如图4-56（2）所示。

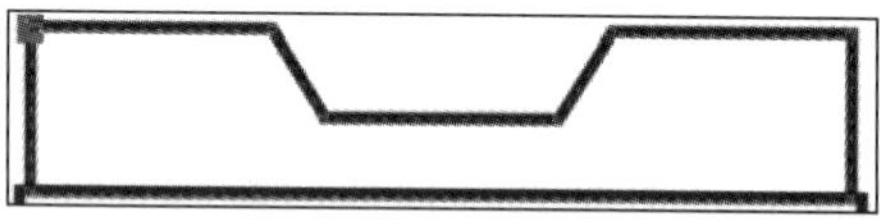

图4-54　选择左上角的节点

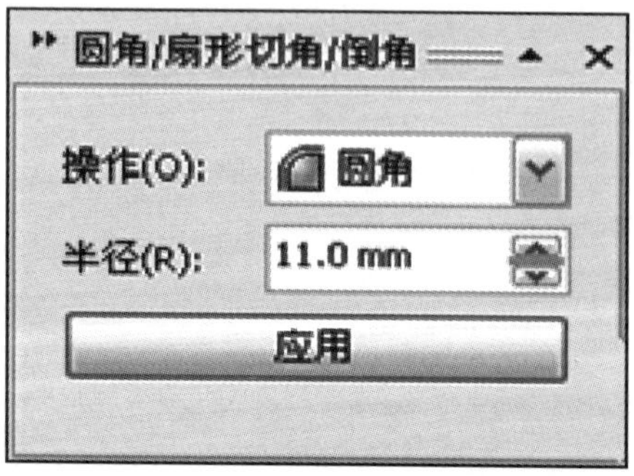

图4-55　设置圆角半径参数

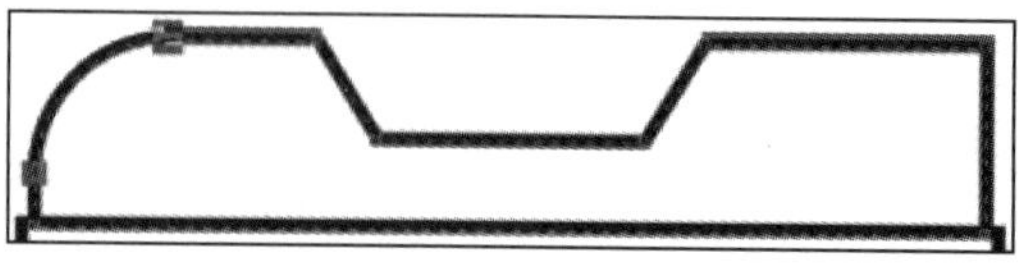

图4-56（1）　应用后其图形

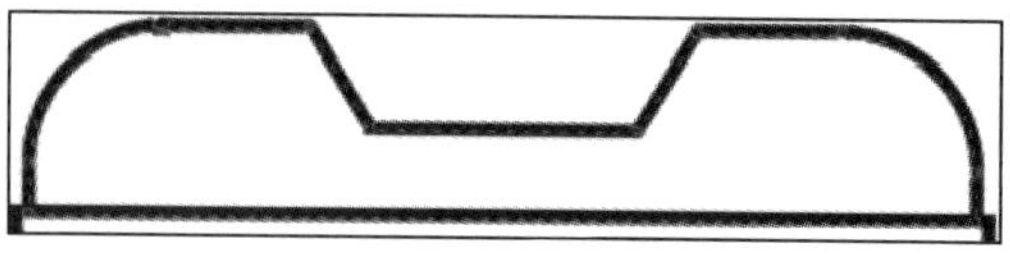

图4-56（2）　应用后其图形

③ 用“贝塞尔工具”绘制一条60mm的线段，对齐大矩形的上部且中间对齐，并垂直往下移动1mm，用红色轮廓表示，如图4-57所示。然后用“贝塞尔工具”画一线段，为了使读者看清楚，作者用蓝色来表示自己画的线段。相对应的复制调整到另一端，如图4-58所示。

图4-57 制作的线段并调整好的位置

图4-58 制作线段后复制并调整好位置

④ 把不需要的线段删除，选择插舌部位，点击“形状工具”，选择要拆分线的一端，然后点击属性栏里的“分割曲线”，接着选择要拆分的另一端，也点击，再选择工具栏里的“挑选工具”，选择插舌，右键选择拆分曲线。就可以把不需要的线段删除，然后改轮廓颜色就可以了。当选择的是矩形图形时，先要右击转换为曲线，其他步骤跟上面的一样。（把想要去掉的线拆分就可以了。）把蓝色的轮廓线改为黑色即可，如图4-59所示。选中盖和插舌部分，在“属性栏”里点击“群组”，旋转18°，放到合适位置即可，如图4-60所示。

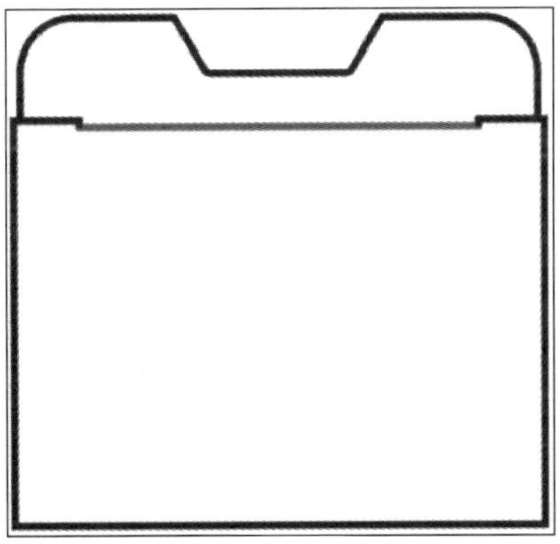

图4-59 绘制完后的盖和插舌

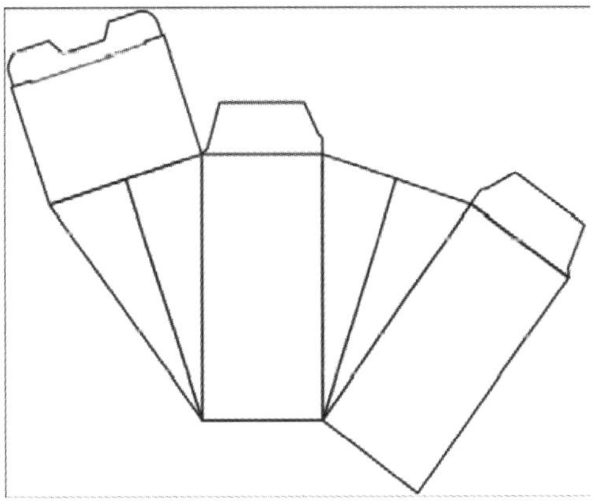

图4-60 绘制完盖和插舌所放置的合适位置

步骤08 绘制糊头

① 先绘制一个60mm×23mm的矩形，再绘制一个26mm×23mm的矩形。把两个矩形中间对齐，选中小矩形按住Shift鼠标点击大矩形，然后按快捷键Ctrl+A+A+A，弹出窗口如图4-61所示。用“贝塞尔工具”绘制糊头图形，绘制后的图形如图4-62所示。把不需要的去掉，然后把绘制的糊头放置到合适的位置，如图4-63所示。

② 添加一条横向的辅助线，旋转342°，添加另一条纵向的辅助线，旋转50°。调整到适合的位

置，然后用“贝塞尔工具”画一长47mm的线段，另画一条长15mm的线段，旋转50°，放置适合的位置，如图4-64所示。然后根据辅助线和线段用贝塞尔画出所需要的糊头。

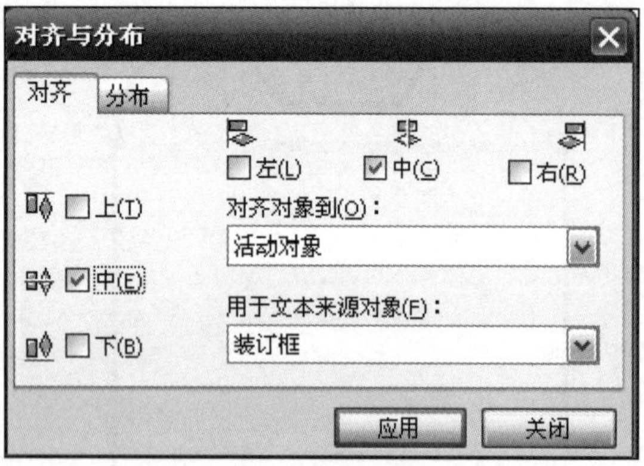

图4-61　两矩形对齐

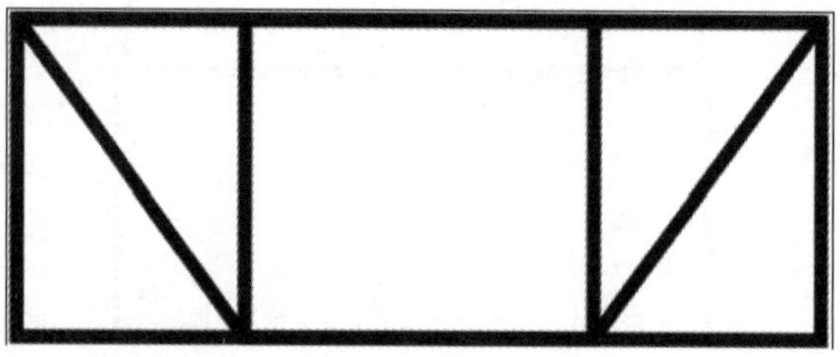

图4-62　绘制糊头

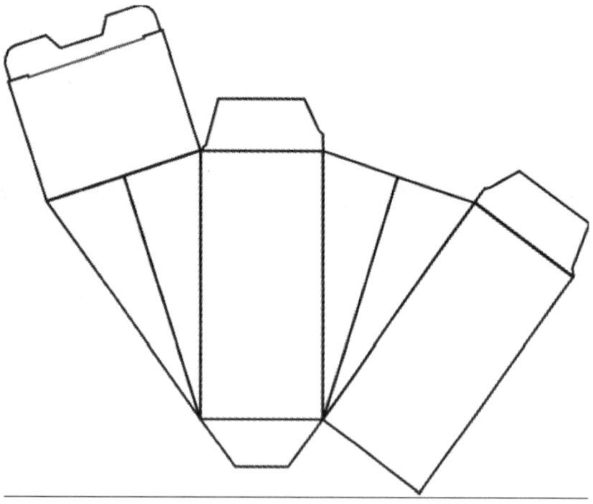

图4-63　糊头放置适合的位置

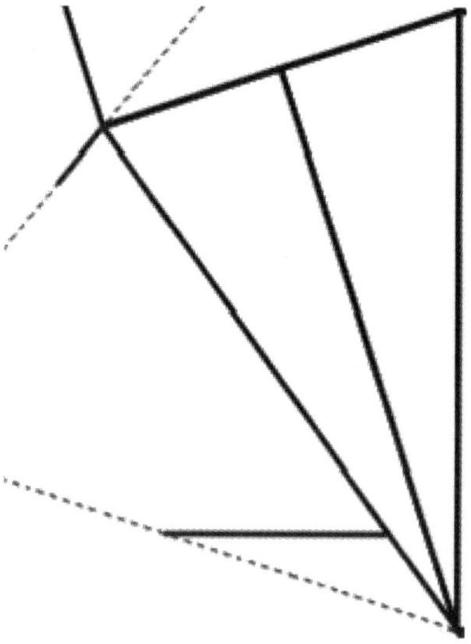

图4-64　添加辅助线和线段放置适合位置

步骤09

如图4-65所示，纸盒的平面展开图基本绘制完毕，平面装潢设计就可以在此基础上进行编排了。

步骤10　绘制纸盒施工制作图

要绘制成一个标准的施工制作图，还需要用通用标准的线条符号和标注绘制。

区分切割线和压痕线。选择一个摇翼边，点击“形状工具”，选择要拆分的一端，然后点击属性栏里的“分割曲线”，接着选择要拆分的另一端，也点击，再选择工具栏里的“挑选工具”，选择摇翼边，右键选择拆分曲线，就可以把不需要的删除，然后改轮廓颜色就可以了。当选择的是矩形图形时，先要右击转换为曲线，其他步骤跟上面的一样，然后用虚线表示压痕线，用实线表示切割线，如图4-66所示。进行尺寸和文字说明标注，如图4-67所示。

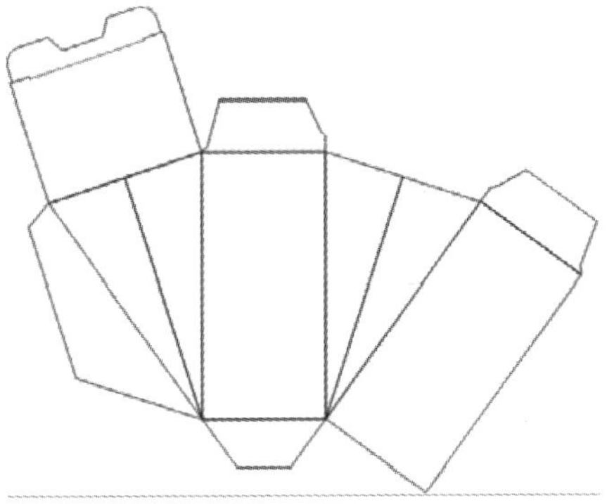

图4-65　绘制纸盒的展开图

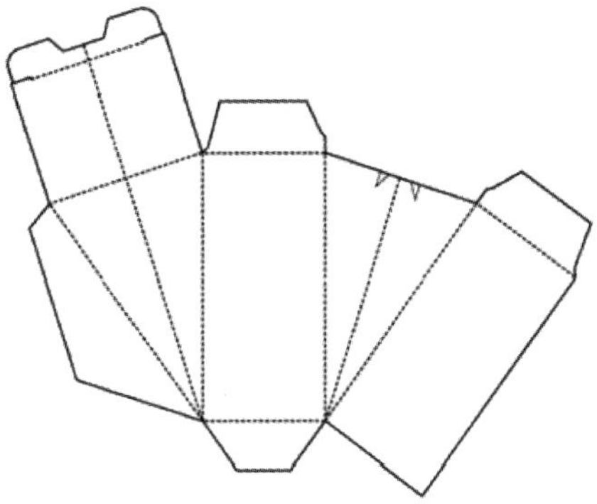

图4-66　用虚实两种轮廓线区分压痕线和切割线

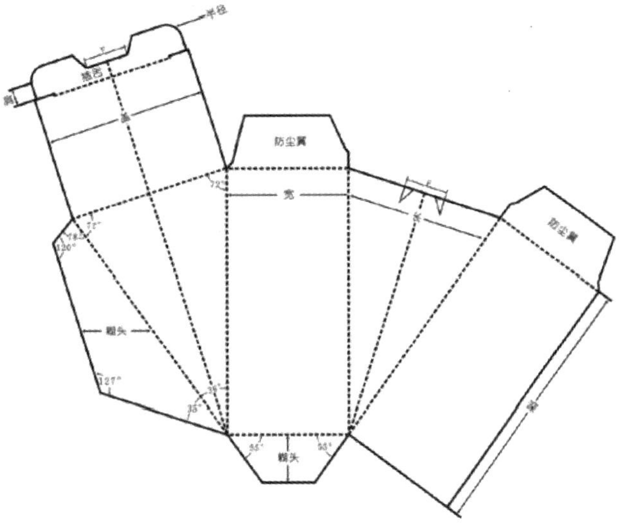

图4-67　尺寸和文字标注

步骤11

为了使展开图在使用小型纸盒打样机和大型纸盒（箱）打样机中更方便快捷地输出，可以在CorelDRAW格式中进行群组，把展开图分为两个图层，一个图层为切割线的群组，另一个图层为压痕线的群组，分别进行群组。在“文件”中选择“另存为”，弹出窗口“保存绘图”选择AI格式，并且命名好文件名，保存即可。

提示：因为使用小型纸盒打样机和大型纸盒（箱）打样机都不能直接用CorelDRAW的格式输出，所以必须得另存为AI的格式。使用时切记这一点。

附录

CorelDraw X3绘制纸盒平面展开图常用快捷键列表	
撤消上一次的操作	【Ctrl】+【Z】
重复上一次操作	【Ctrl】+【R】
复制选定的项目到剪贴板	【Ctrl】+【C】
将“剪贴板”的内容粘贴到绘图中	【Ctrl】+【V】

设置文本属性的格式	【Ctrl】+【T】
将选择的对象组成群组	【Ctrl】+【G】
取消选择对象或对象群组所组成的群组	【Ctrl】+【U】
删除选定的对象	【Del】
打开“轮廓笔”对话框	【F12】
打开“轮廓颜色”对话框	【Shift】+【F12】
左对齐选定的对象	【L】
将选择对象右对齐	【R】
将选择的对象转换成曲线	【Ctrl】+【Q】
拆分选择的对象	【Ctrl】+【K】
保存当前的图形	【Ctrl】+【S】
另存为当前的图形	【Ctrl】+【Shift】+【S】

4.2 运用CAD制图软件绘制纸盒展开图

CAD即计算机辅助设计(CAD-Computer Aided Design)，即利用计算机及其图形设备帮助设计人员进行设计工作。由于高性能的微型计算机和各种外部设备的支持，计算机辅助绘图软件的开发也得到长足的发展。由微机配上图形输入和输出设备(如键盘、鼠标、绘图仪)以及计算机绘图软件，就组成一套计算机辅助绘图系统。

在工程和产品设计中，它可以帮助设计人员担负计算、信息存储和制图等多项工作。由计算机自动产生的设计结果，可以快速作出图形并显示出来，使设计人员及时对设计作出判断和修改；利用计算机可以进行与图形的编辑、放大、缩小、平移和旋转等有关的图形数据加工工作。CAD能够减轻设计人员的计算画图等重复性劳动，专注于设计本身，缩短设计周期和提高设计质量。

虽然前面所介绍的Illustator和Coreldraw两个矢量软件是国际上公认的杰出的绘图软件，但它们的优势在图形设计和版面编排上，对于尺寸要求精确的纸盒施工图绘制则显得有些力不从心，而AutoCAD是一款完善、精确、标准的优秀制图软件，可以快捷、方便、精确地完成纸盒展开施工图的绘制。

4.2.1 AutoCAD制图软件介绍及绘制步骤实例

(1) AutoCAD制图软件相关简介

AutoCAD(Auto Computer Aided Design)是美国Autodesk公司首次于1982年生产的自动计算机辅助设计软件，用于二维绘图、详细绘制、设计文档和基本三维设计。对于追求精确尺寸的计算机辅助设计来说，没有其他软件可以比得上CAD，比如设计机械零件、绘制建筑装饰施工图、产品施工图等，现已成为国际上广为流行的绘图工具。.dwg文件格式成为二维绘图的事实标准格式。

AutoCAD软件的优秀的平面绘图功能特别适合各种多样复杂的纸盒展开图绘制，它能以多种方式创建直线、圆、椭圆、多边形、样条曲线等基本图形对象。绘图辅助工具AutoCAD提供了正交、对象捕捉、极轴追踪、捕捉追踪等绘图辅助工具。正交功能方便绘制水平、竖直直线，对象捕捉可帮助拾取几何对象上的特殊点，而追踪功能使画斜线及沿不同方向定位点变得更加容易，此外，它还具有强大的编辑功能，可以移动、复制、旋转、阵列、拉伸、延长、修剪、缩放对象等。图层管理功能可以处理复杂图形，方便精确地标注尺寸、书写文字，使高效率纸盒制图成为可能，使整个绘制过程变得简单易行。AutoCAD支持多种操作平台，目前纸盒（箱）打样机多基于CAD平台输出打样，这样使制图和打样操作更适配，不容易出错。

总之，AutoCAD软件具有易用性、精确性、通用性，用来绘制纸盒展开图是值得推广的。

AutoCAD 2007 的经典界面主要由菜单栏、工具栏、绘图窗口、文本窗口与命令行、状态行等元素组成（图4-68）。

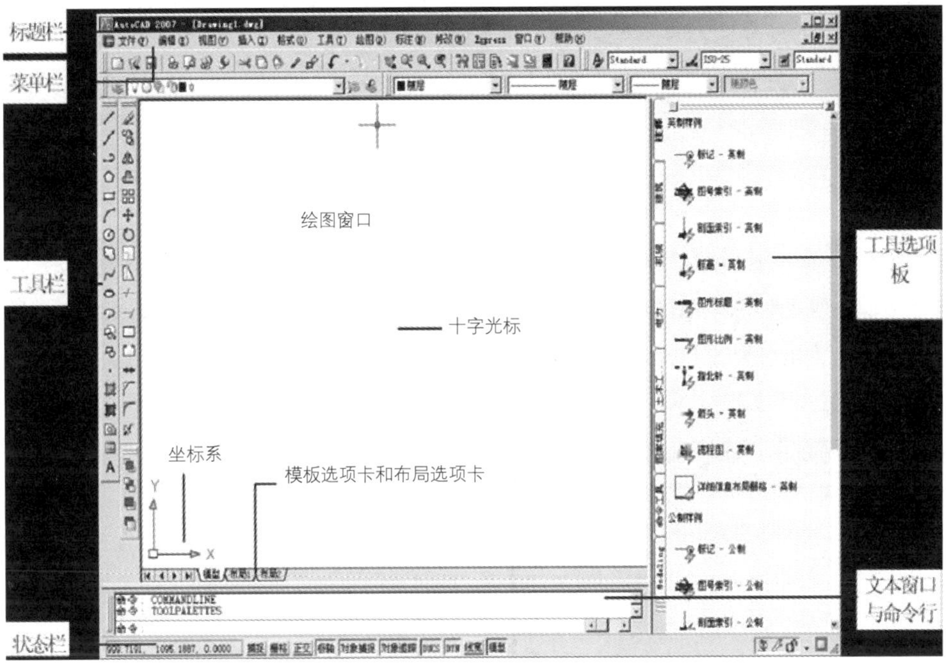

图4-68 Auto CAD 2007 经典界面示意图

提示：在AutoCAD中，用户可以采用1:1的比例因子绘图，因此，所有的直线、圆和其他对象都可以以真实大小来绘制。例如，如果一个零件长200cm，那么它也可以按200cm的真实大小来绘制，在需要打印出图时，再将图形按图纸大小进行缩放。

（2）绘制纸盒展开图操作步骤实例

本实例主要讲述的是运用AutoCAD绘制盒式包装的平面展开图绘制基本方法，以纸盒装的月饼包装盒为例来进行讲述，讲述了盒式包装的平面展开图绘制步骤。

① 打开软件，设定单位

首先启动AutoCAD应用程序，根据图示所需要的尺寸在“格式”菜单下“图形单位”子菜单设定长度、角度的类型、精度，确定相应的绘制单位，如图4-69所示。

② 设定图层

点击工具栏图标，打开“图层特性管理器”设定相应的图层，确定线型、颜色等如图4-70所示。

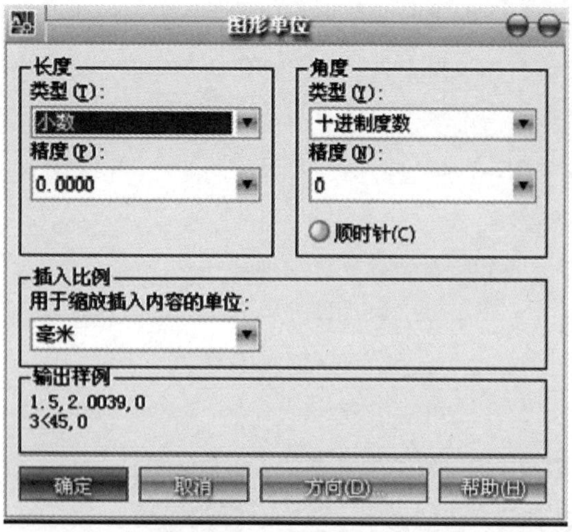

图4-69　设定单位

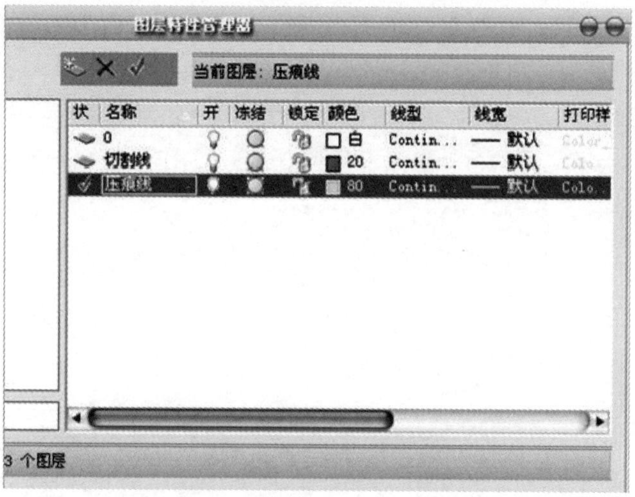

图4-70　设定图层

③开始绘图

在打开“正交”快捷键F8的情况下，单击工具栏里“直线”按钮，或者在“命令”栏输入“L”命令，按“空格键”确定起点，然后输入所绘盒型的长度90mm，按“空格”确定，如图4-71所示。

同样方法连续指定出长度为105mm×90mm的矩形，如图4-72所示。

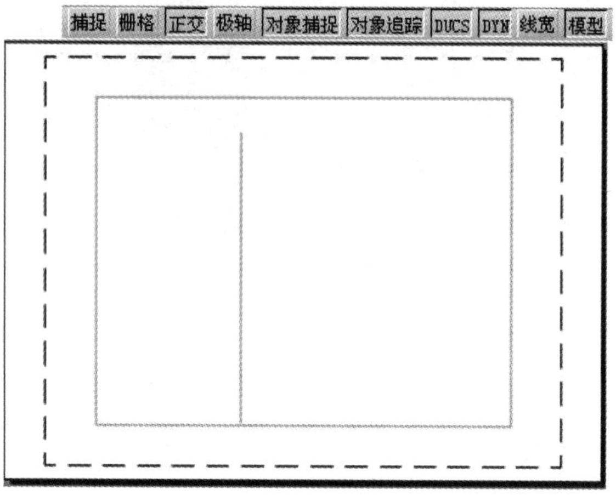

图4-71　绘图步骤1

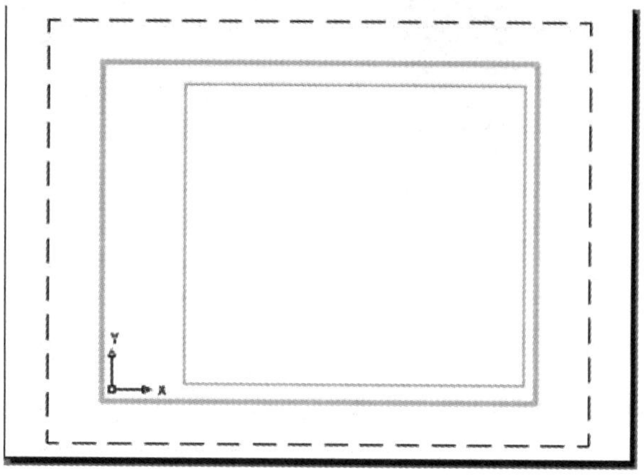

图4-72　绘图步骤2

根据盒型需要偏移，具体操作步骤为：指定所要偏移直线，“命令”栏中输入偏移命令“O”，按“空格键”确定，输入要偏移数值35mm和指定偏移方向，如图4-73所示。

在图形的左、右各偏移30mm做出盒型摇翼的边，如图4-74所示。

分别向上偏移128mm，12mm以确定出盒盖和插舌的长度，如图4-75所示。

点击“构造线”按钮作辅助线，根据盒型尺寸，确定出所需要线的位置。运用“圆弧”按钮等工具做出具体盒样，如图4-76所示。

具体尺寸如图4-77所示。

依据先前设定的图层指定出盒型压痕线与切割线，具体操作步骤为：首先选中要修改的线，点击打开“图层”按钮，选择需要的线型与设定，如图4-78所示。

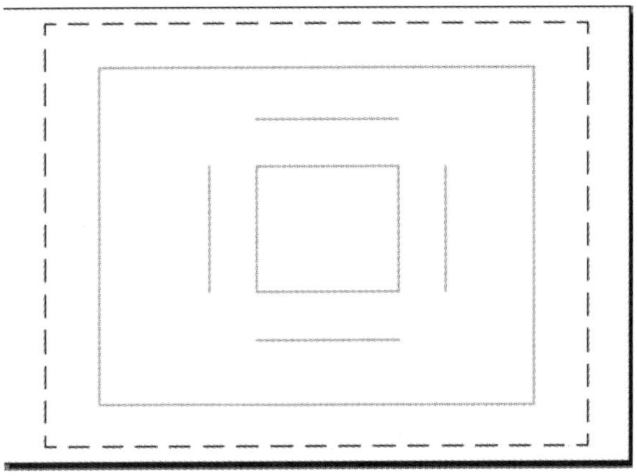

图4-73　绘图步骤3

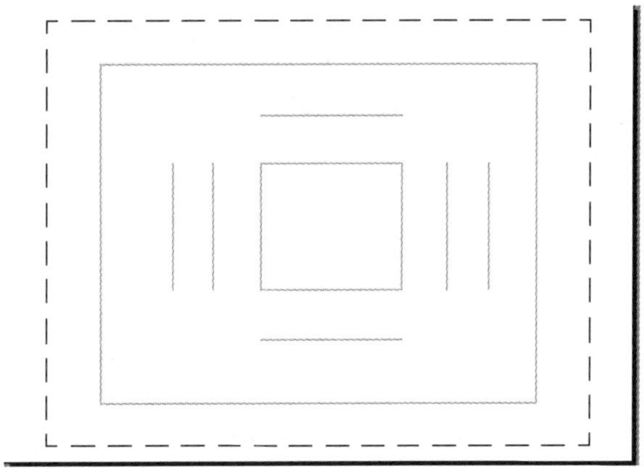

图4-74　绘图步骤4

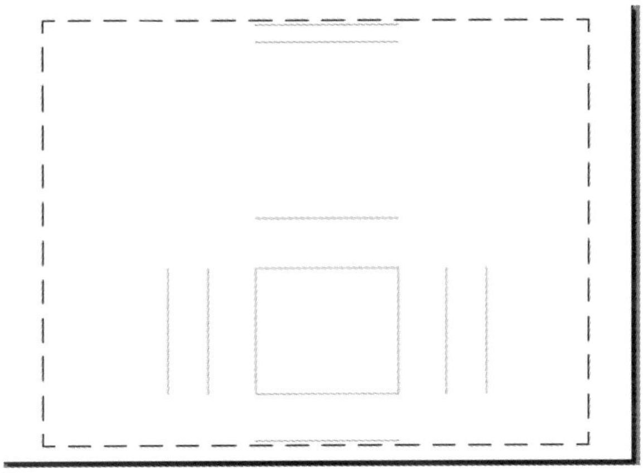

图4-75　绘图步骤5

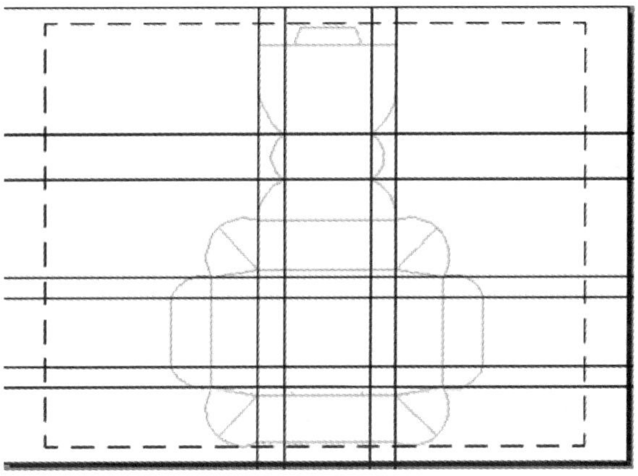

图4-76　绘图步骤6

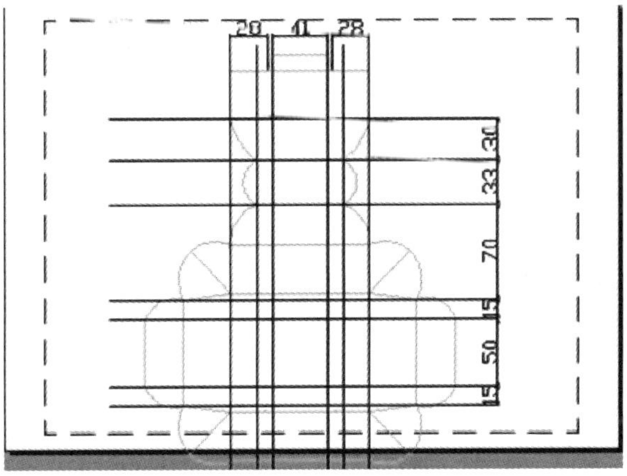

图4-77　绘图步骤7

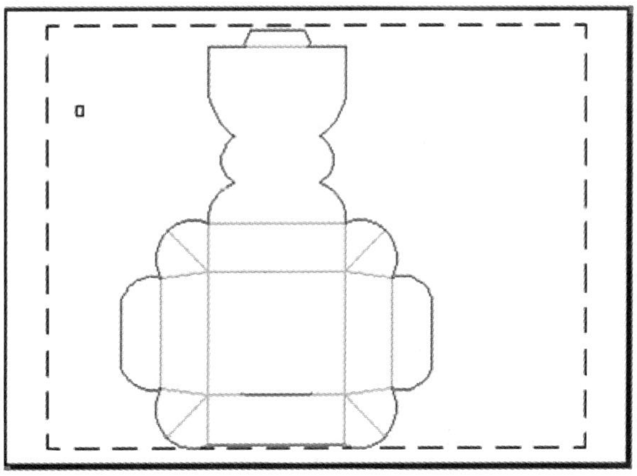

图4-78　绘图步骤8

④保存

点击“文件”菜单下的“另存为”，弹出“图形另存为”对话框，选择要保存的位置，及文件类型等，如图4-79所示。

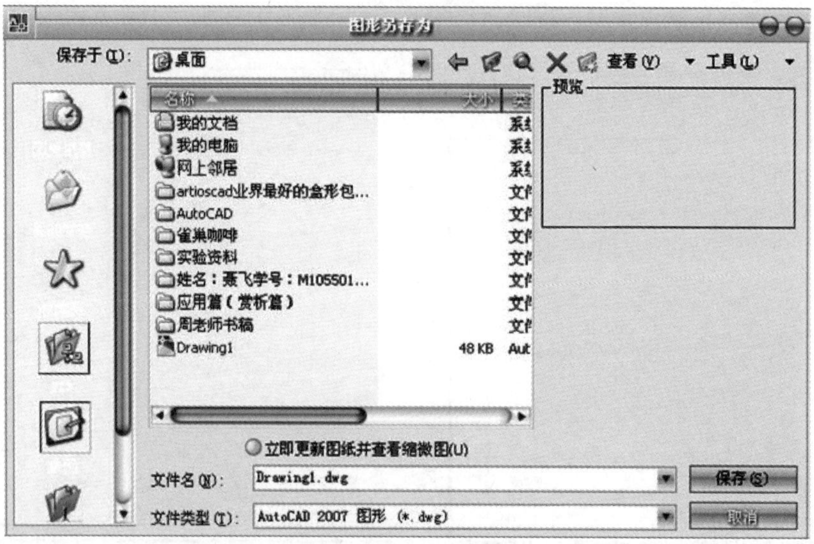

图4-79　绘图步骤9

4.2.2 ArtiosCAD包装造型设计软件介绍

ArtiosCAD是Esko公司推出的计算机辅助包装设计软件，是全球标准用的包装结构设计CAD系统，适用于结构设计、产品开发、虚拟原型及加工，可大幅提高生产效率；是瓦楞纸箱和折叠纸箱设计者的理想工具。

ArtiosCAD具有包装设计的专用工具，适用于结构设计、产品开发、虚拟原型及制造，此外，它还提供了一个大容量的标准设计库，软件使用者可以实现从草图到定稿的设计，是折叠纸盒和瓦楞纸箱设计的理想工具，可大大提升公司的整体生产力。它是国际上使用最广泛的包装结构设计软件。

ArtiosCAD软件（图4-80所示）的性能特点：

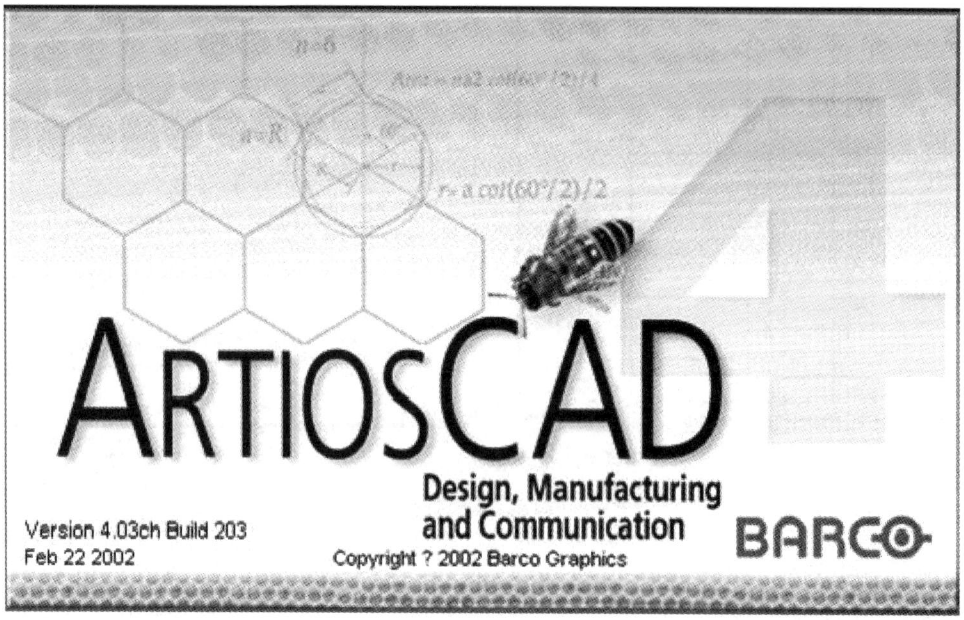

图4-80

① 设计和绘图工具确保结构设计者精确而有效地完成绘图任务。

② 完整的3D合成可以让用户立刻对设计进行视觉预览并为客户进行演示。

③ 高效排版，能提供图像反馈，针对不同的版面和图形进行快捷、准确的排版。并通过成本预测功能，再结合公司的生产设备，对每个图形进行生产成本预估，并使用智能排版来根据最低成本水平选择排版方案，而且经提议的解决方案可根据不同变量进行排序，例如根据印张数、废料和每张上的图形数量来分类。

④ 保留了盒型结构在刀线与压线方面的要求，让盒型档案可以与图形资料相吻合，从而进行数字盒样的制作，包装印刷厂商可以利用这项服务来协助前端产品包装设计厂商，减少了沟通中出现的问题。

⑤ 拥有智能拼大版、模切版设计、用于备案和指导后续工艺流程的Report Maker等强大功能。

在我国，ArtiosCAD专业版软件适用于设计公司和相关企业，不属于大众普及率高的软件，在这里运用这个软件进行纸盒设计制图不做重点介绍，有兴趣的设计人员可以自行熟悉后掌握运用它。

4.2.3 Impact包装盒型和制模设计软件介绍

Impact包装盒型和制模设计软件是一套针对纸箱制作而设计的软件，在全球有很高的市场占有率，仅在中国就有150套左右正在使用，且该软件全部实现了汉化。

该软件有强大的智能计算功能。软件内部有一个庞大的纸箱图形库，收集了数百种经过欧洲瓦楞制造商联盟批准，并在全球瓦楞行业通用的瓦楞纸箱和瓦楞展示架平面图以及欧洲卡纸纸盒联盟认证的彩盒图形。Impact软件设有自动运算补偿功能，只要选定盒型的平面图，输入纸板的楞型、面纸和里纸的定量，以及瓦楞纸箱各组成部分的实际大小，电脑便会自动调校纸箱图样的尺寸和厚度，自动预留出精确的压痕折叠部位。对于标准盒型库以外的瓦楞制品图样，只要输入以上参数资料，也同样能够计算出实际所需尺寸，并将这些参数定义为标准参数。

Impact软件还能够将印刷图文同纸箱结构组合在一起。Impact的排版系统能够为客户设计一种最省材料的优化排版方式，可节省成本及减少废品数。Impact软件具有独特的3D立体显像功能。操作人员输入盒型、尺寸及纸箱上的图文后，就可通过3D二体功能从不同角度把一个平面图形折叠成纸箱，并可将折盒过程拍摄成短片进行360° 旋转，展现全方位立体预览效果。

Impact软件适合目前市场上绝大多数盒型打样系统，能够在软件系统中完成所有生产参数设置，如生产速度，刀片类型，刀片切穿的深度、压痕深度和宽度等。

4.3 BOX-Vellum纸盒设计专业软件介绍及绘制步骤实例

4.3.1 BOX-Vellum软件简介

BOX-Vellum是一款专门针对纸盒/纸箱的结构设计而开发的CAD/CAM软件，可以完成从盒/箱型结构的最初设计、尺寸标注、桥接、拼排到后期驱动样品切割机、开模机等一系列的工作。可以在Windows 95/98/2000/XP 和MAC OS 8.0等的操作环境下使用，可自动生成辅助线，自动对图纸进行标注，完成经典盒型的参数化功能，具

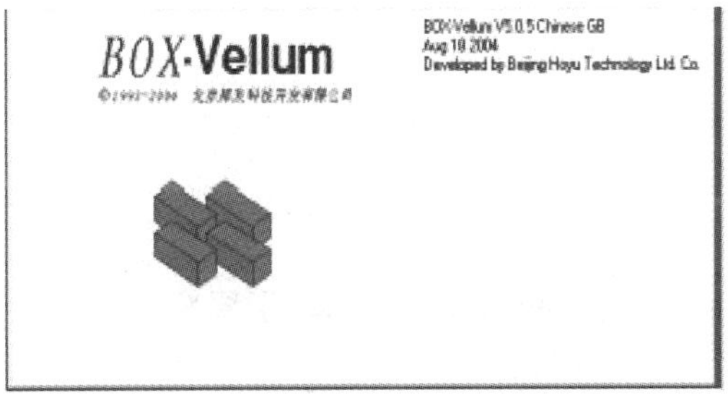

有一个包含220种盒型的盒型库，并且用户可以自己添加盒型种类以进行扩充。

由BOX-Vellum设计的盒型结构图纸，可直接导入平面设计软件，使得平面设计人员可直接在盒型结构图纸上进行平面设计，根据盒型的结构调整图形的相对位置，以体现完美效果。设计完成后，可通过数码打样系统将盒型外观打印出样品，通过平面设计图纸的定位线，定位在样品切割机上进行样品切割。

软件功能图特点：

① 国标、欧洲标准、日本标准的盒型库满载。

② 集盒型结构设计、数据分类管理、生产控制于一体。

③ 自动拼排、盒盖耳页生成、套准各种功能俱全。

BOX-Vellum软件因其卓越的性能和优越的性价比而赢得了众多企业用户的青睐，日本的王子、联合、古林、富士胶卷、松下、索尼、佳能，国内的上海界龙、古林、江苏新潮、天津联合、温州东经等企业都在使用此软件，同时包括多家国内知名大专院校如湖南工业大学、北京印刷学院、江南大学及本实验室PRODUCER包装打样系统配套使用此软件绘图，效果显著。

（1）BOX-Vellum软件界面构成

打开BOX-Vellum软件后，出现的界面文档窗口是BOX-Vellum的常规工作区，用来显示图像文件，供用户浏览，描绘和编辑作品的区域，如图4-81所示。

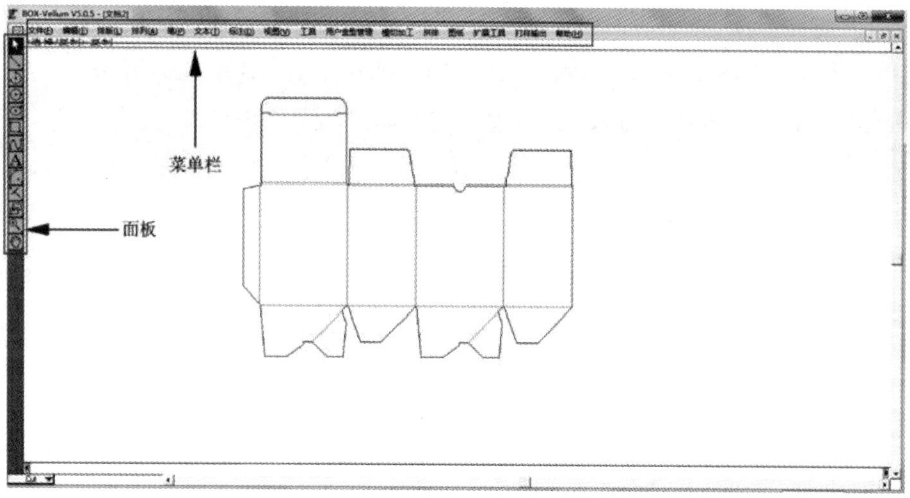

图4-81 “文档”窗口

工具栏包括选择目标工具、直线、圆弧、圆、椭圆、多边形、曲线生成工具，插入文本工具、转角工具、线段编辑工具、图形操作工具、缩放工具12种工具，利用工具面板上的工具可以快捷、准确地完成各种纸盒、纸箱的结构线绘制。

菜单界面由文件、编辑、排版、排列、笔、文本、标注、视图、工具、用户盒型管理、模切加工、拼排、图纸、扩展工具、打样输出、帮助16个菜单组成。这些菜单的功能为完成尺寸标注、盒型图输出等操作，并考虑到了设计和输出过程的所有细节，可以快捷、完整、准确地完成制图和打样。

（2）BOX-Vellum制图编辑工具介绍

工具面板中有制作纸盒（箱）展开图所需的6种工具，称为“制图工具”，如图4-82所示。

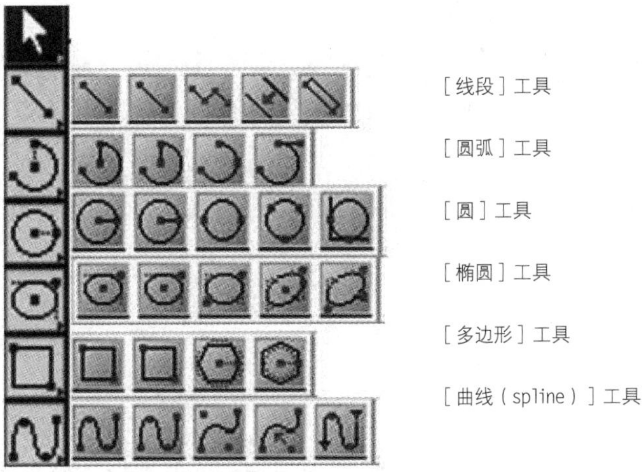

图4-82　制图编辑工具

① 运用直线工具，使用数值输入栏完成图形的制作/编辑

直线工具是绘制纸盒轮廓和折叠线最常用的工具，绘制时利用数值输入可使制图更精确、标准。

步骤01

首先，选择“单线工具”，亮条指向X输入栏，可直接在此输入栏内输入数值。

步骤02

按动键盘上的○键。在X栏内输入0值，把线段起始点的X坐标值设定为0。从这一步起到第六步止，不要按动Enter键。

步骤03

按动Tab键。此时，亮条指向Y输入栏，按动○键。线段起始点的Y坐标值被设定为0。

步骤04

连续两次按动Tab键。此时，亮条指向X输入栏。在此输入栏内输入线段X指向的长度值，输入20。

步骤05

按动Tab键。此时，亮条指向Y输入栏，输入线段Y指向长度值，输入20。

步骤06

最后按动Enter键，利用数值栏中设定的参数值绘制出相应的线段，如图4-83所示。

步骤07

绘完此线段，还可以使用数值输入栏编辑图形，只要在输入栏键入数值就能修改线段。

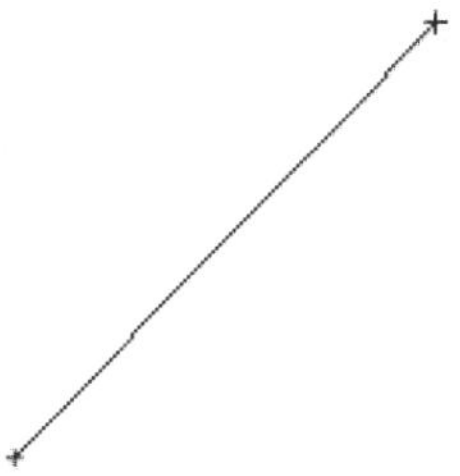

图4-83　绘制直线

② 圆弧工具、圆工具、椭圆工具、多边形工具

以上工具在纸盒结构展开图中制作开窗、镂空造型、异形或作为一些辅助线图形来使用。

先介绍圆弧工具的使用。根据不同情况分别选用中心/半径工具、3点工具、切线工具3种不同绘制方法，如图4-84所示，通过确定中心、起点和终点3个参照点绘制圆弧。绘制出圆弧后，坐标值、半径、角度、增量角等数值将在数值输入栏中显示出来。圆工具、椭圆工具、多边形工具的使用与圆弧工具类似，可以通过图标帮助理解而进行操作，此处不做详细介绍。

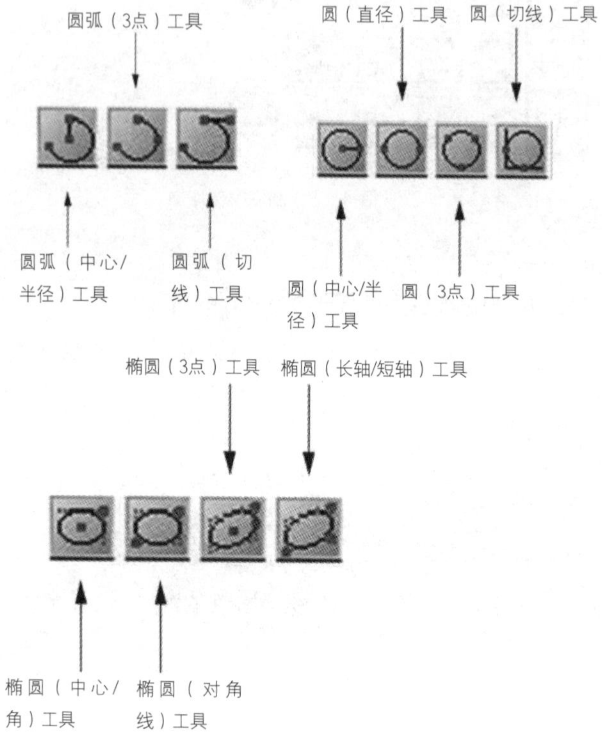

图4-84　绘制弧线

③ 曲线工具

曲线工具用来绘制曲线，有两种曲线绘制工具和两种曲线编辑工具。“曲线工具”能够绘制的最简单路径是直线，只要使用此工具，在插图窗口中创建两个描点，就可以创建所需曲线，如图4-85所示。

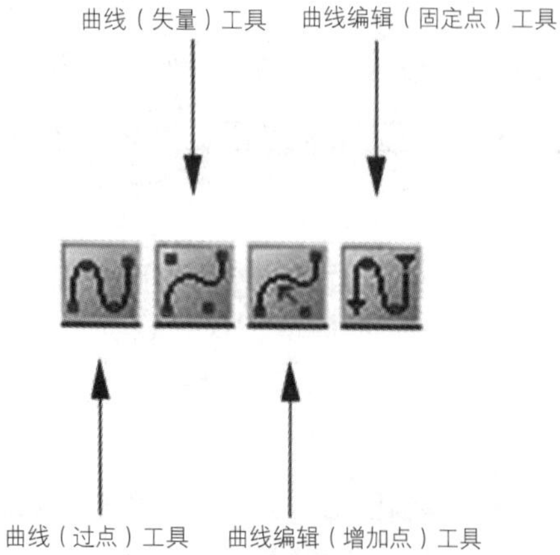

图4-85　曲线工具

如图4-86所示，使用曲线(过点)工具绘制曲线。

曲线(矢量)工具，用点击点定义的矢量计算出控制点，通过此控制点将首矢量和末矢量连接起来，绘制出曲线，双击鼠标结束操作。

在数值输入栏中显示最后设定点的X，Y，Z坐标值。

④ BOX-Vellum编辑工具

BOX-VeUum编辑工具用于修改图形，更改选出图形的位置、方向、尺寸等，如图4-87所示。

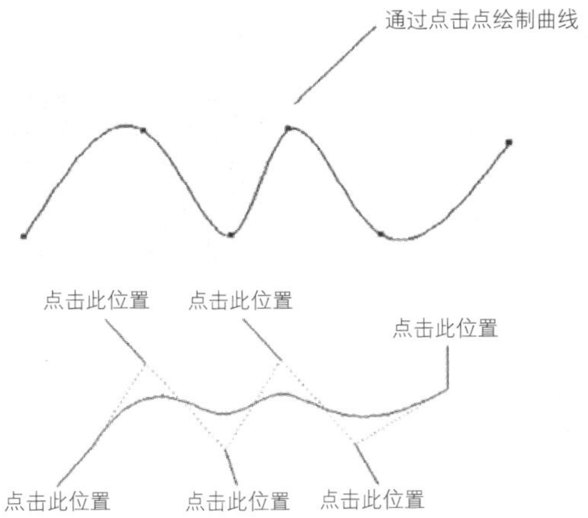

图4-86　绘制曲线

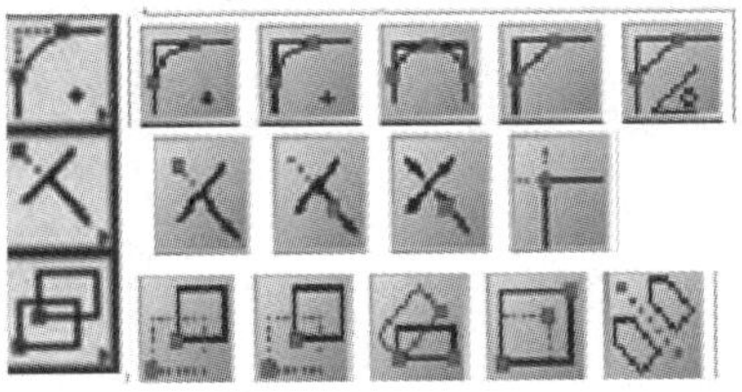

图4-87　编辑工具

(3) BOX-Vellum软件常用相关命令操作

① 图形选择和取消

运用屏闭(Mask) 来进行图形选择或取消，具体方法如下:

步骤01

从“编辑”菜单中选出“屏闭(Mask)”功能。屏幕上显示出如图4-88所示的对话框。

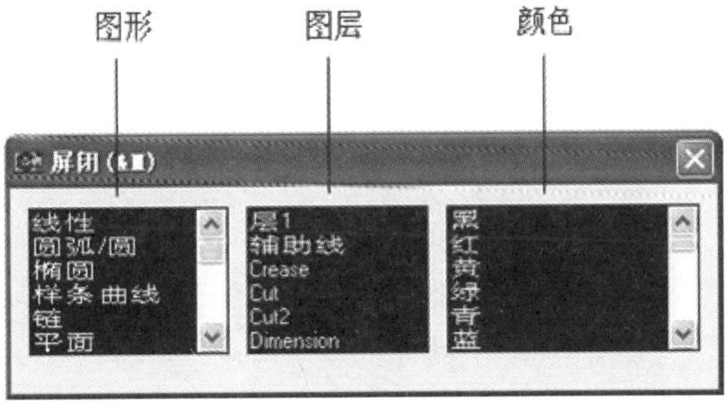

图4-88　屏闭（Mask）

“屏闭(Mask)”对话框中图形种类、图层、颜色3个清单是用来确定图形条件的。

在开始打开对话框时，清单中的所有条件都是被选定条件，即所有图形都可能是被选图形。

步骤02

确定各清单中的选择条件。

例如只想选出“图层1”上绿线绘制的圆弧和圆时，从各清单上分别选出“圆弧/圆”、“层1”、“绿色”等条件，如图4-89所示。

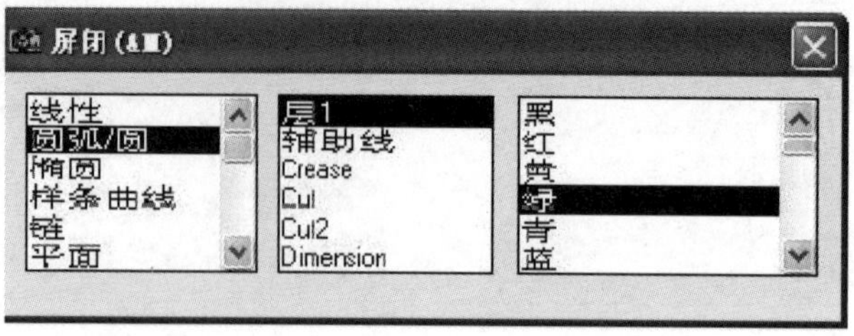

图4-89 屏闭（Mask）

提示：关闭对话框后，屏闭(Mask)功能仅在选出相同工具期间有效。而当更改工具，双击“选择”工具图标后，屏闭(Mask)被取消。

步骤03

从“编辑”菜单中选出“全选”功能。在“层1”上用绿线绘制出圆弧。

提示：在选择多个条件时，按住Ctrl键，点击鼠标。此外，还可以用Shift键确定需要选择的范围。

② 辅助线

这里说明的辅助线与利用辅助绘图功能生成的辅助线不同，是在调用清除功能前，屏幕显示出的辅助线。此外，此辅助线不是在操作层，而是在“辅助线”层生成的。

辅助线可用画笔功能或“排版”菜单中的“辅助线”（Ctrl +K）功能绘制。

选用“辅助线”功能后，可用任意角度，在任意位置绘制辅助线。选用“排版”菜单中的“辅助线”功能，并在跳出的对话框中设定辅助线的角度、离通过点的偏离距离，以及通过点的坐标等，如图4-90所示。

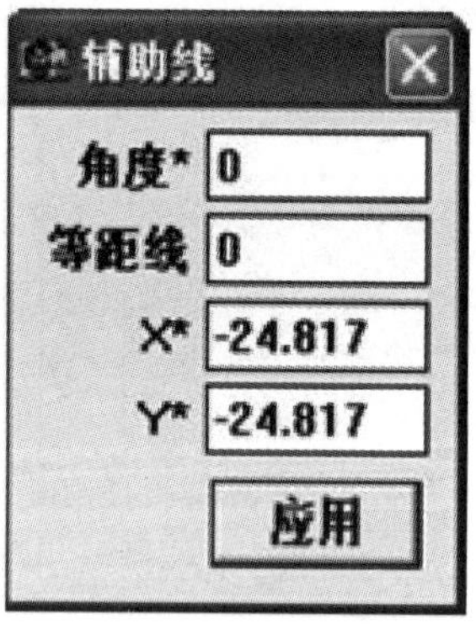

图4-90 辅助线

角度：指辅助线的角度。

等距线：指距离通过点的偏离距离。

X值和Y值：指通过点的坐标值。

打开对话框时显示出的数据值是最后一个点击点的坐标值。

③ 线条类型和属性设定

为了方便区分不同功能的线条，线条类型可以调整颜色、线宽、形状3种属性构成，各种属性的参数可自由设定。

④ 文本输入

调用“文本”工具A，在页面中输入文字。调用文本工具后，可进行文字输入、编辑以及文本读入等操作。此外，可利用“文本”菜单的各个选项设定字体、字号、风格、行对齐、行间距和缩进(intend)方式等。此功能方便用来进行文字标注和说明。

⑤ 尺寸标注

尺寸标注面板中有11种工具，用于标注尺寸，称这些工具为“尺寸标注工具”。尺寸标注是纸盒设计制图后期不可缺少的重要部分。运用此工具，纸盒的尺寸标注自动生成，操作方便、快捷、制图数据标准，如图4-91所示。

图4-91　尺寸标注工具

⑥ 盒型库

BOX-Vellum是一款专门用于纸盒结构设计的软件，该软件具有一个包含220种盒型的盒型库，并且用户可自行添加其盒型种类数量，以进行不断扩充。

步骤01

选择菜单栏中盒型库命令 盒型库 设置数据源 ，注意：版本不同，所显示的方法会有一些区别。

步骤02

点击盒型库中所需盒型款式命令，出现所需盒型结构平面展开图，出现界面窗口，如图4-92所示。

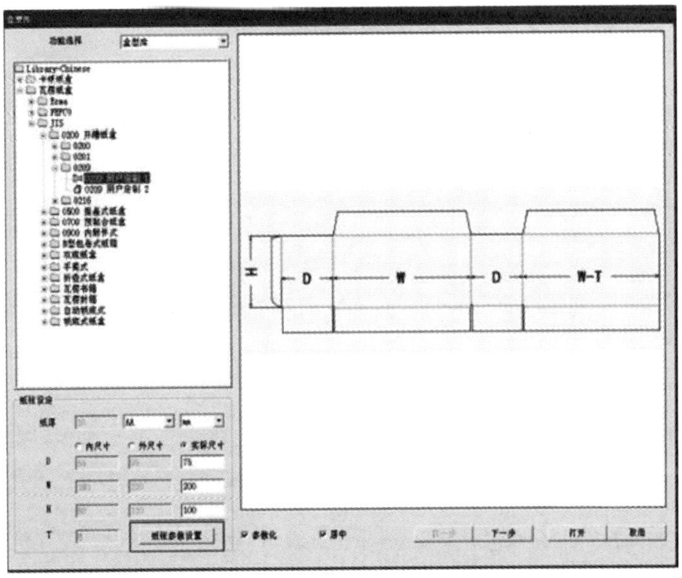

图4-92　盒型库中纸盒结构展开图

步骤03

可利用画面的左下角进行纸的设定。画面下方有“参数化”和“居中”两个复选框。设定纸的厚度时，点击按钮 纸张参数设置 ，显示画面，如图4-93所示。纸厚可以新建，也可以对已保存的数据进行修改。

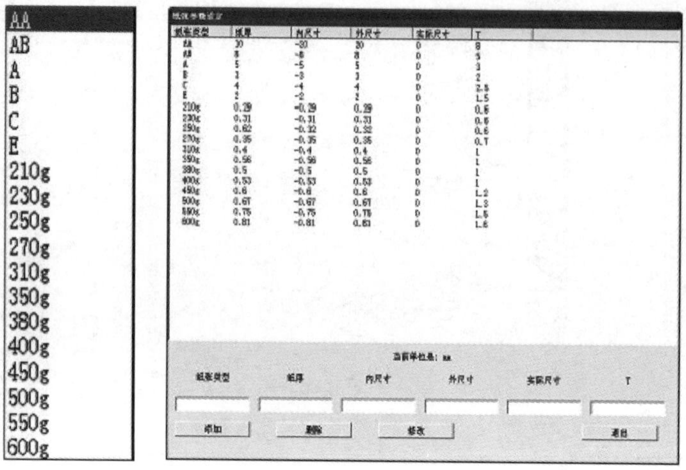

图4-93　纸张参数设置

步骤04

通过参数设定，可以制定要制作盒子的数值，内尺寸要减去制作的盒子的厚度；外尺寸要加上制作的盒子的厚度；实际尺寸画面上图的尺寸，不包含盒子的厚度，如图4-94所示。

提示：内尺寸、外尺寸、实际尺寸是单选按钮，一次只能选择一项。

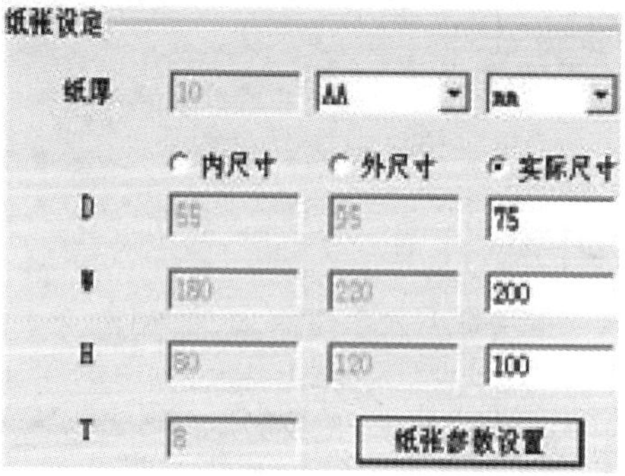

图4-94　纸厚参数设置

步骤05

盒型结构展开图打开后，利用D・W・H・T进行参数化，盒型库中参数化，显示数值。选中 参数化 后，显示D・W・H・T的数值；没有选中，图形就不能实数化。选中 居中 使打开的盒型在中间显示。点击 下一步 可以输入盒子黏口和其他详细数值。

步骤06

在原来的画面设定D・W・H・T值，点击“下一步”，显示其他的画面。不输入数值也可以显示出下一个画面，如图4-95所示。

步骤07

可输入很细小的地方的数值，数值输入完成后，点击打开按钮，画面展开，如图4-96所示。

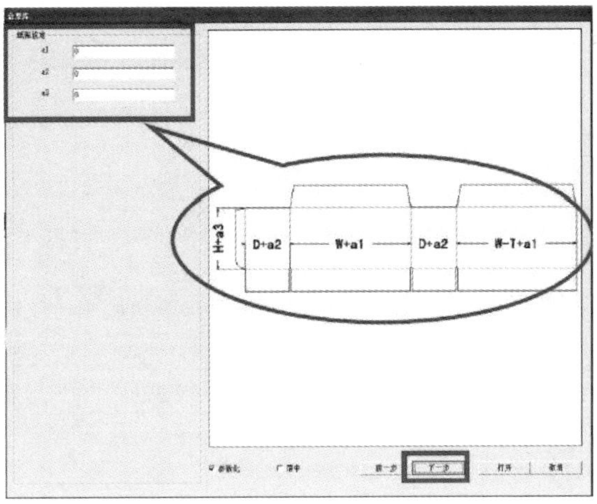

图4-95

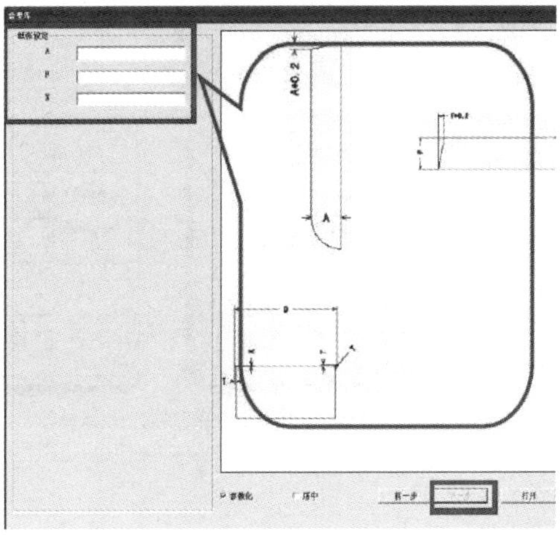

图4-96

4.3.2 包装纸盒结构图绘制实例操作步骤

实例一

爽肤水纸盒包装，常规的六面体，长为60mm，宽为40mm，高为105mm，法式开天辟地反相插入式标准盒型。

步骤01

首先启动BOX-Vellum 应用程序，选择“文件”菜单下的“新建”命令或按Ctrl+N组合键，显示“新建文档”。

步骤02

单击面板中的“长方形工具”按钮，使用该工具在当前界面绘制所需矩形，在数值输入栏中调整其矩形大小，大小设置为215mm×215mm，如图4-97所示。

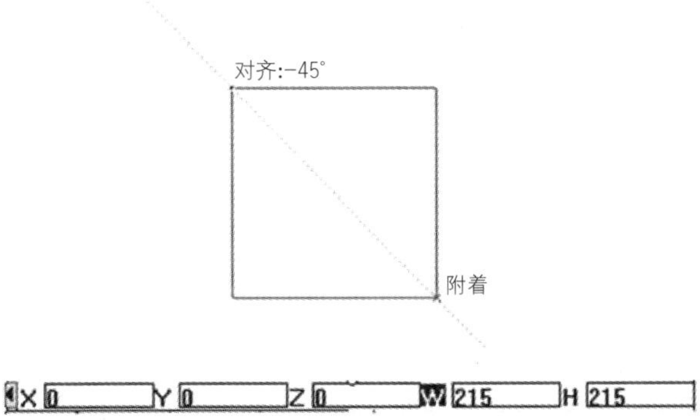

图4-97

步骤03

选择“排版”菜单下“辅助线”命令，或按Ctrl+K组合键出现辅助线窗口，输入数值参数绘制包装盒框架辅助线，如图4-98所示，按照同样的方法输入数值参数，利用辅助线绘制纸盒框架轮廓线，纸盒长为60mm，宽为40mm，高为105mm。

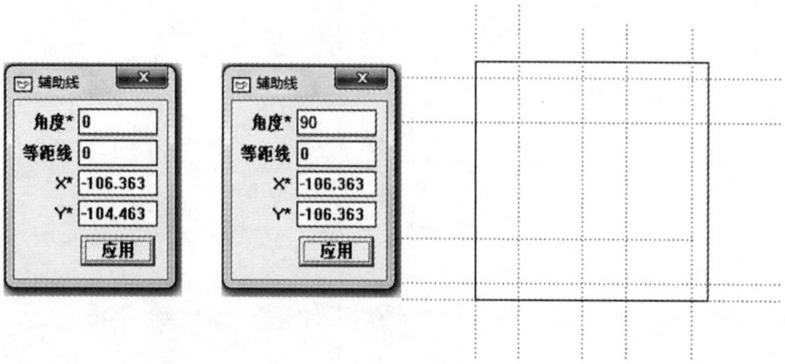

图4-98

步骤04

单击面板中的“直线工具”按钮，拖动鼠标点击“起始点”绘制包装结构展开图，如图4-99所示。

步骤05

单击面板中“圆角”工具，数值输入栏为R 5，使插舌部位圆滑，进行修整细节部分；单击“选择”工具，选择线段进行修剪，如图4-100所示为修剪后的整体效果图。

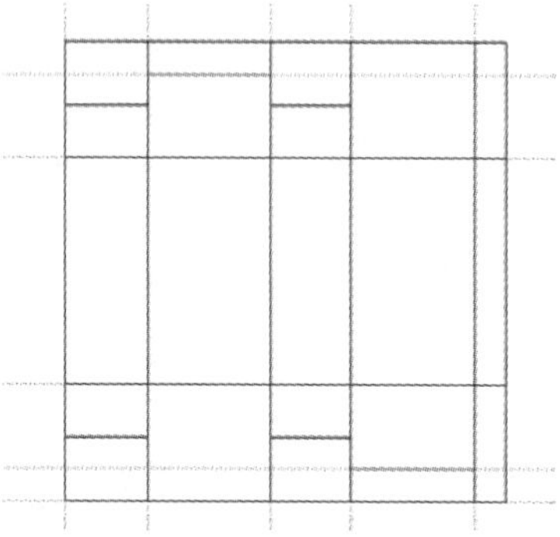

图4-99

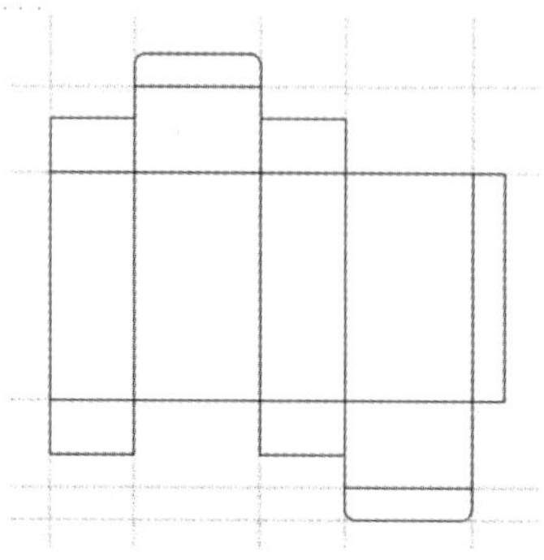

图4-100

步骤06

绘制糊头、防尘翼，利用辅助线的功能进一步修整防尘翼，单击面板中“圆角”工具，圆滑边角可以防止纸盒成型后刮伤消费者，如图4-101所示。

步骤07

选择“笔”菜单下“线条”、“颜色”命令，以区分纸盒包装结构展开图的压痕线和切割线，设置绿色虚线为压痕线，黑色实线为切割线，如图4-102所示。

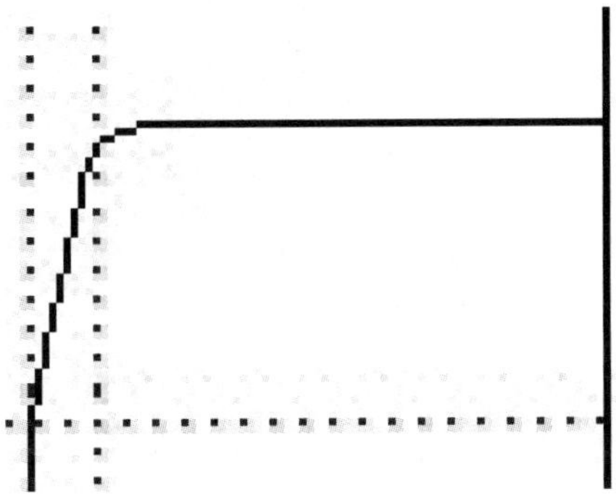

图4-101

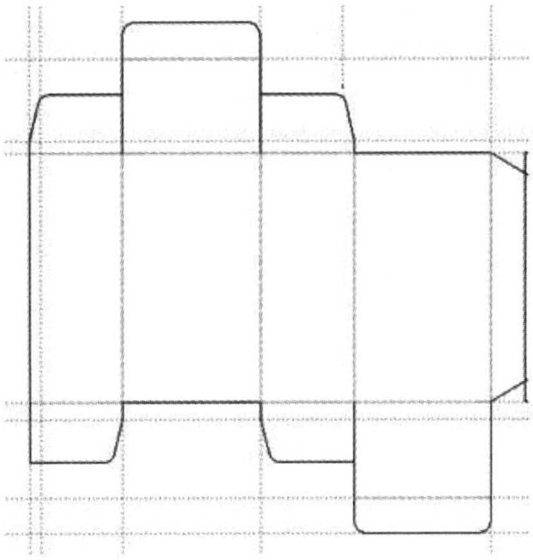

图4-102

步骤08

隐藏辅助线，选择“标注”菜单下“显示标注”命令，出现标注面板，单击标注面板中“水平尺寸”标注工具，“垂直尺寸”标注工具，“角度尺寸”标注工具依次标注，如图4-103所示。

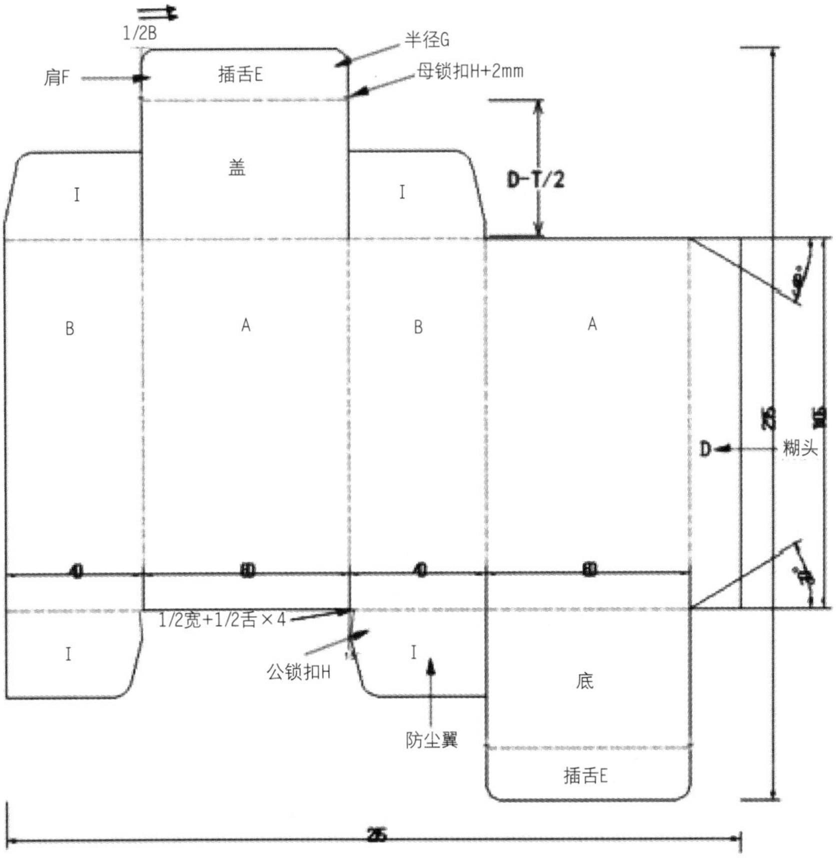

图4-103

实例二

麦当劳“派”异形折叠盒

我们选择的盒型是麦当劳“派”异形盒，相对普通盒型增加了趣味性，消费者更加关注这类有特点的纸盒。下面是绘制异形盒步骤。

步骤01

首先启动BOX-Vellum 应用程序，选择“文件”菜单下的“新建”命令或按Ctrl+N组合键，显示“新建文档”。

步骤02

单击面板中的“长方形工具”按钮，使用该工具在当前界面绘制所需矩形，在数值输入栏中调整其矩形大小，大小设置为190mm×190mm，如图4-104所示。

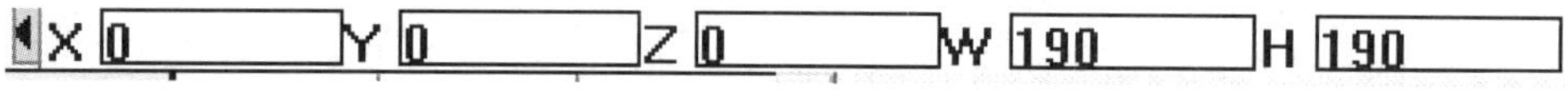

步骤03

选择“排版”菜单下“辅助线”命令，或按Ctrl+K组合键出现辅助线窗口，输入数值参数绘制包装盒框架辅助线，宽为87mm，如图4-105所示。

步骤04

单击面板中的“直线工具”按钮，借助辅助线连接两点之间的距离，拖动鼠标点击起始点绘制包装结构展开图，如图4-106所示。

图4-104

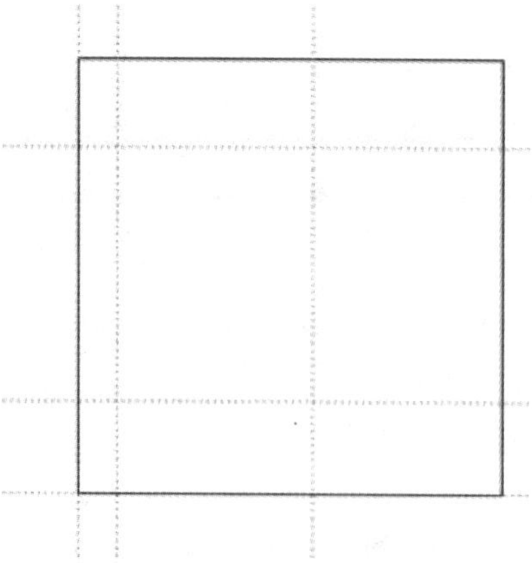

图4-105

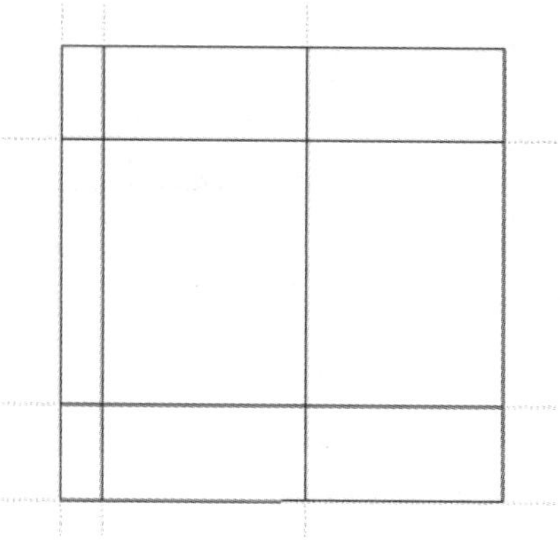

图4-106

步骤05

单击面板中的“曲线工具”按钮，按钮变成红色，绘制纸盒包装结构展开图曲线部位，借助辅助线位置绘制图形，如图4-107所示。

步骤06

单击“选择”工具，将多余的线条删除以及对线条进行修剪，如图4-108所示。

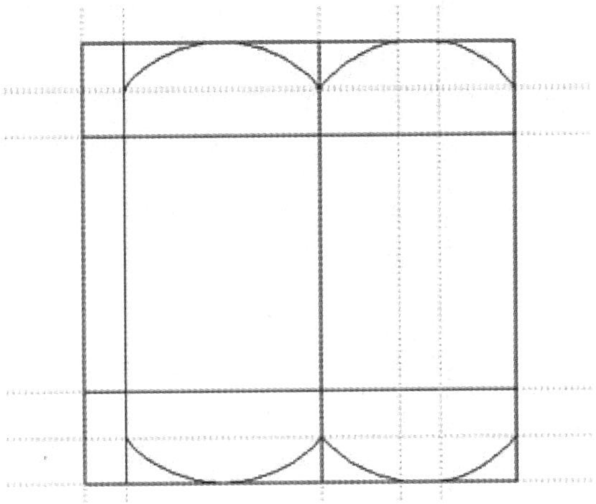

图4-107

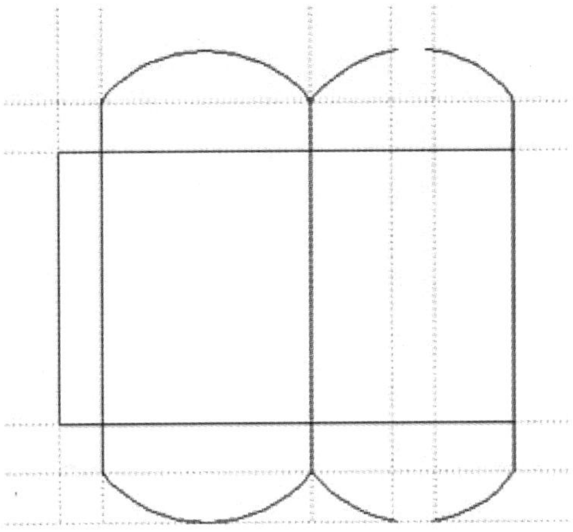

图4-108

步骤07

选择“曲线工具”按钮，更深入绘制异形盒，隐藏辅助线，整体画面清晰。

步骤08

选择“笔”菜单下“线条”、“颜色”命令，以区分纸盒包装结构展开图的压痕线和切割线，设置绿色虚线为压痕线，黑色实线为切割线，如图4-109所示。

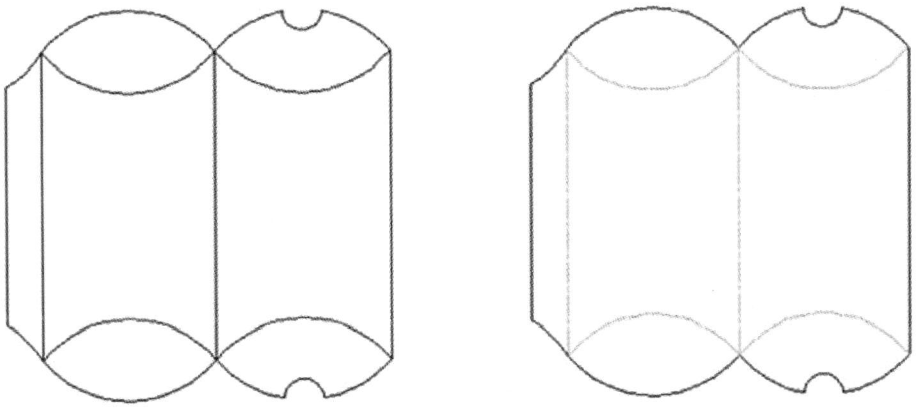

图4-109

步骤09

选择“标注”菜单下“显示标注”命令，出现标注面板，运用水平、垂直以及圆弧标注工具完成详细的标注，异形盒最终完成效果如图4-110所示。

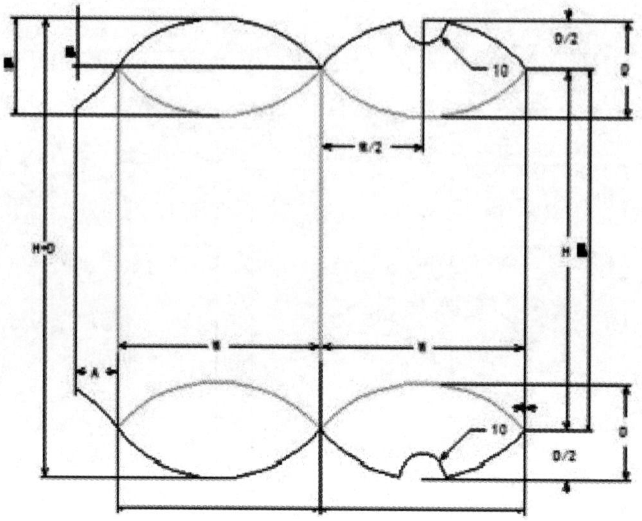

图4-110

5 纸盒切割成型打样操作

5.1 运用FC4210-60小型纸盒打样设备进行纸盒成型打样

FC4210-60切割机是较早由日本日图GRAPHTEC公司开发生产的打样设备。该公司生产的其他系列切割机还包括FC2250系列切割机、FC8000-100AP服装切割绘图机等，它同时满足于纸盒打样，以及制鞋、制衣、激光绘图校版、电子样品打样（FPC、光电、PET案件、覆盖膜）、石材橡胶切割、交通安全标识制作等领域的需求；本节将主要介绍作为纸盒打样制作的FC4210-60切割机。

日图平板切割机FC4210-60体现了行业对于制作纸盒打样效率高、精度高的要求，它的操作不需要空压泵，轻便灵巧，操作简易，但打样机的针头和幅面受到限制，只适合体积不太大、纸板不太厚的纸盒打样。目前，它常被应用于各中小型包装公司，同时，它也是各大专院校包装教育实践设备的首选。湖南工业大学包装设计艺术学院多年前开始使用这款切割机进行纸盒设计与成型实验课教学，取得了较好的教学效果。

5.1.1 FC4210-60切割机概述

FC4210-60切割机具有以下特点：高精度、高速度、高可靠性，可以打样包装纸盒和盒子内置隔衬；易于切割瓦楞纸（F/G级别）和卡纸；它由移动轴带动刀架在装纸的台面移动切割、压痕，完成打样。即设备简易，打样精确，操作简单、快捷。

FC4210-60切割机配套使用的打样系统是矢量软件Illustrator。具有由Adobe Illustrator公司所生产的读取记录标记性能，在背面有明显的折痕线，指明背面所需的压力，这所有功能都符合工业的高精度切割需求，提高了生产率。设计师都已掌握矢量绘图普及型软件Illustrator的使用方法，所以不需要再花时间掌握新的绘图软件便能很方便地使用FC4210-60切割机的操作打样。

FC4210-60切割机具有独特的性能特点，主要包括切割性能以及压痕性能，如图5-1所示。

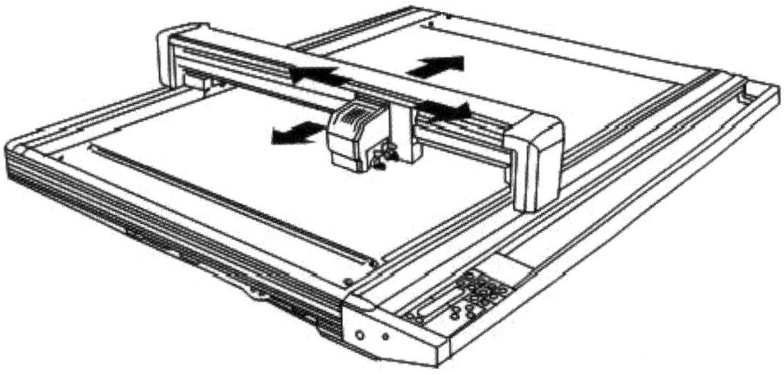

图5-1　FC4210-60切割机

（1）切割状态

在切割介质前，如果不能确定最佳切割状态，事先应做一个切割测试。在这种情况下，最初设置如下切割状态：基于装载的介质厚度最小化原则，伸长刀尖，设置切割压力为10，速度设置为5，质量设置为1，然后逐渐增加状态数值直到达到合适的测试结果要求。如果设定的切割状态不合要求，就会给刀和切割机造成负荷，使其损坏。FC4210-60使用的是不锈钢的刻刀，能在底部大范围地进行平滑切割。GRAPHTEC公司的所有切割值都能提供一贯的精度和完整的切割操作技能，甚至在瓦楞纸和卡纸上切割也能进行上述操作，因此必须保护刀锋和棱角。注：如有一些衬底，FC4210-60不能有效地切割。

（2）压痕状态

在任何压痕状态未知的介质上执行压痕操作，首先应该进行测试，可以先设置压痕压力为10，速度设置为5，质量设置为1。下一步，逐渐增加状态数值直到出现合适的测试结果。如果压痕设定数值不恰当，不会获得满意结果。具有详细的压痕功能，才能在最模糊的背面也能清晰地折起来。可以选择单线、双线或者三线压痕。如果选择双线或者三线压痕线，可设置线条之间的空间。如果纸板较厚，可使用双线或者三线压痕线，减少在盒子折叠时产生撕开或者断裂的可能。

设置独立的X/Y方向压力，压痕的压力及切割压力都可在X和Y方向进行单独设置，以适合瓦楞纸（F/G级别）的特殊属性。此功能可减少使用过高压力给表面造成的损害。

易于开关的双刀座工具安装，可同时安装两种工具，易于开关。如果在压痕工具处同时安装刻刀，就无需更换工具，可直接进行切割和压痕。如果安装刻笔，在开始切割时，就可检测切割范围。

FC4210-60切割机具有自动记录标记检测功能，打印位于图纸顶部的记录标记用作控制点，记录标记检测功能能够自动调整页面设置的切割线条，也可调整在顶部和反面的切割及压痕。FC4210-60有读取由Adobe Illustrator所产生的读取记录标记的性能。较易创作一个包装样板在打印机上把你的设计打印出来，把它粘在F/G级别的瓦楞纸或者卡纸上，然后使用FC4210-60压痕并把其设计切割出来。

FC4210-60产品包装切割机部位介绍（图5-2、图5-3）

① 笔架：驱动切割机笔柱/切割笔/压痕工具左右移动。

② 笔柱架：控制切割机笔柱/切割笔/压痕工具，驱动它上下移动。

③ Y杆：控制笔架左右移动。

④ 写面板：在这里执行切割/绘图/压痕。

⑤ 控制面板：用于设定和使用切割机的各种功能。

⑥ 并行接口：用Centronic相兼容的并行接口连接切割机到计算机上。

⑦ 串行接口：用RS-232C串行接口连接切割机到计算机上。

⑧ Ac电源插口：一端连接电源线，另一端连接插座。

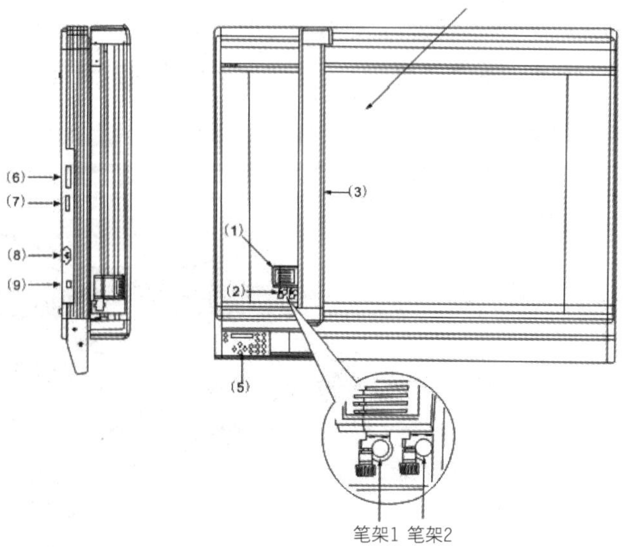

图5-2 FC4210-60产品包装切割机部位介绍

⑨ 电源开关：控制切割机的开关状态。

注意：当设置切割机功能时立即执行切割操作，笔架和Y杆会突然移动。同时应保持你的头、手和衣服远离支架和Y杆，也不要在切割范围内放置其他物体。即为了防止受伤和不能很好地切割，当使用切割机时应小心，不要让你的头、手、衣服或其他杂物缠住或卷入笔架或Y杆。

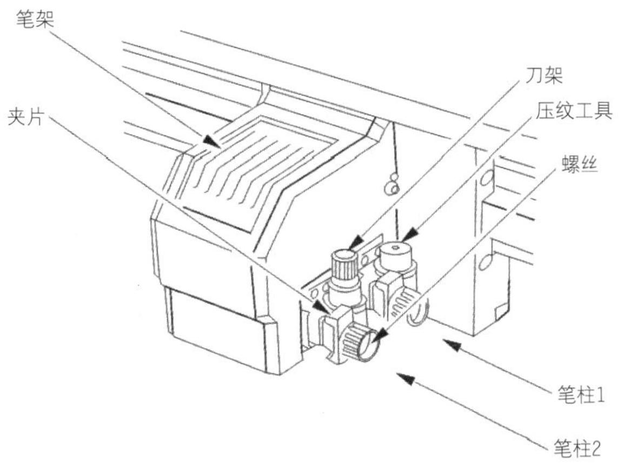

图5-3 部件名称

（3）机头部件名称

因为切割刀的刀锋非常锋利，小心刀锋不要伸得过长；除此之外，当不用切割笔的时候，确保刀片不要超过切割笔的笔尖。切割刀的刀锋非常锋利，当触摸切割刀时应小心，以避免切到手指或刺伤自己。当切割刀损坏了，把它放到装刀片的盒子里然后处理整合刀片。

（4）安装刀架或压痕工具的过程

步骤01

放松切割笔支撑架的螺丝，然后把切割笔架装入支撑架。如图5-4所示。

步骤02

向上紧压杜塞，把笔完全塞入支架直到被笔塞牢牢塞住。如图5-5所示。

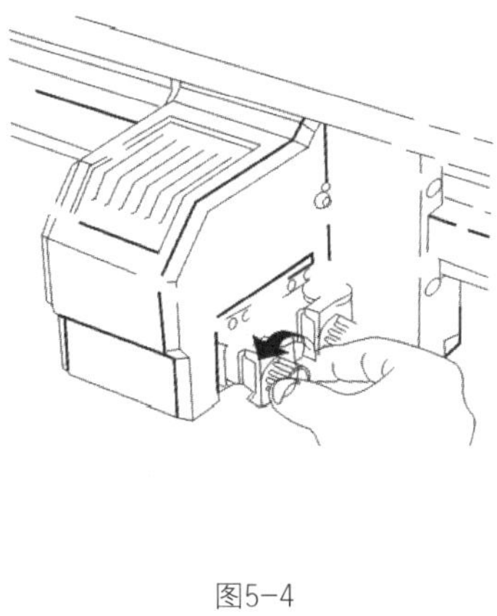
图5-4

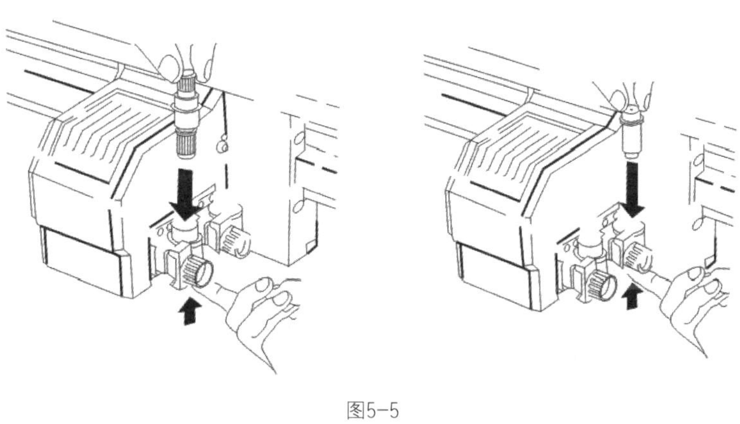
图5-5

步骤03

装入笔架，直到刀架或压痕工具的边缘被盖住，然后拧紧螺丝。如图5-6所示。

提示：在第三步描述中，只有在确认已固定刀架/压痕工具边缘时才能固定螺丝。

注意：切记不要在开机或切割操作中接触移动的笔尖，确保在断电、静止状态安装固定好笔架2号装配压痕工具。

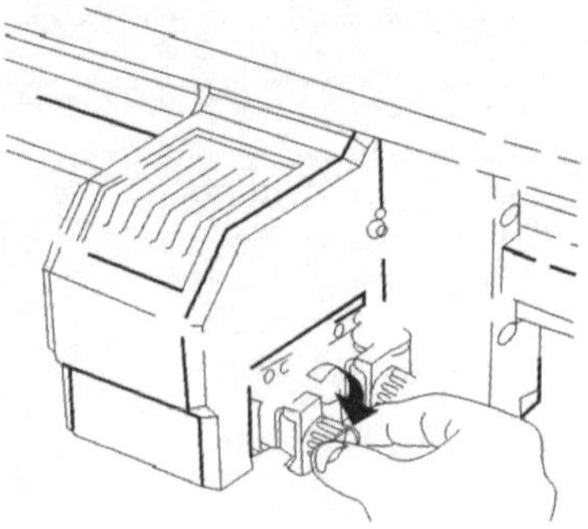

图5-6

（5）切割刀介绍

在开始切割之前，掌握切割刀的类型和特点是非常重要的，配合使用好切割刀与介质可以获得高质量的切割效果。

刀片式样和型号如图5-7所示。

CB09UA　　CB15U　　CB15U-K30　　CB15-10C

图5-7　FC4210-60切割机刀片式样及型号

CB09UA型号刀片为切割彩色且涂满黏合剂胶片的标准刀片，可切割厚度在0.25mm以下，胶片最大切距4000m；CB15U型号刀片比CB09UA型号刀片更适合切较厚的胶片，适合切割的胶片厚度为0.25～0.5mm；CB15U-K30型号刀片可切割喷沙橡胶，这种刀片具有最锋利的角和较长的切割边缘，适合切割胶片厚度为0.5～1.5mm；CB15-10C刀片由最硬的物质组成，但它对碰撞产生的抵抗力小，适合胶片厚度为0.05mm以下，如图5-8所示。

图5-8 切割刀架的结构

（6）调整刀片的长度

注意：为了避免割伤手指，一定要小心使用切割机，务必使刀片长度适合要使用的介质厚度；如果刀片本身比切割的介质厚度要长，可能会损坏写面板或刀片本身。

步骤01

在调整刀片长度前，在B方向转动刀片调节旋钮来调整刀片头。如图5-9所示。

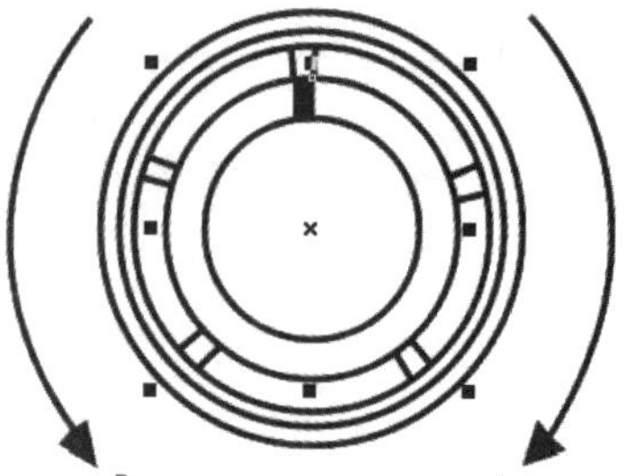

图5-9

步骤02

可旋转刀片长度调节A方向的旋转钮来伸长刀片的长度，

参阅刀柱上塞帽的刻度来决定刀片移动的长度。当旋转了一个刻度单位的距离时，刀片就移动0.1mm；旋转1圈，刀片就移动0.5mm。（A方向旋转是伸长刀片；B方向旋转是收回刀片。）

步骤03

获得正确的刀片长度，假如胶片的厚度为“t”，刀片长度为“e”,刀片伸长长度应等于或稍大于“t”，要确认“e”一定不得大于胶片（纸张）和其衬板垫（胶板）两者的厚度；如果不能精确确定胶片的厚度，应进行切割测试，逐渐调整刀片伸出的长度直至衬板垫出现刀痕。如图5-10所示。

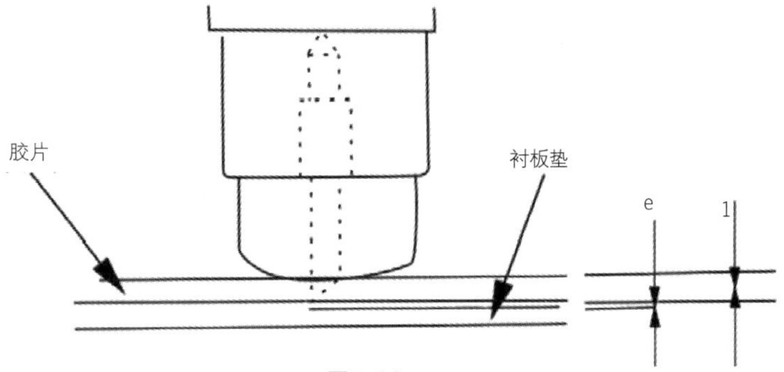

图5-10

5.1.2 FC4210-60切割机操作控制面板介绍

FC4210-60切割机操作控制面板如图5-11所示。

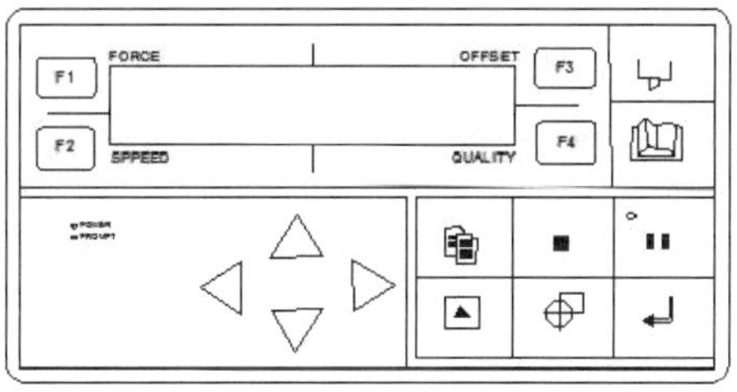

图5-11

（1）指示灯

POWER(电源）........切割机保持供电，电源灯（绿色）就一直亮着。

PROMPT(电源）.......在收到笔架超出有效切割区域的数据后，提示灯亮（红色）。

（2）功能键

功能键F1～F4用来显示菜单上的选择菜单或选择功能。

F1	在菜单模式下按F1键选择一个功能，用来在联机状态下选择切割状态，或在按下Conditions键后改变切割压力的设置。
F2	在菜单模式下按F2键选择一个功能，用来在联机状态下选择切割状态，或在按下Conditions键后改变切割速度的位置。
F3	在菜单模式下按F3键选择一个功能，用来在联机状态下选择切割状态，或在按下Conditions键后改变切割偏移量设置。

F4	在菜单模式下按F4键选择一个功能，用来在联机状态下选择切割状态，或在按下Conditions键后改变切割质量的设置。

位置键

△ ◁ ▷ ▽	这些键的功能根据切割机操作状态的不同而不同，它们用于更改显示菜单上的设定，但在其他时候用于移动笔架。当你最初按一个键时，笔架移动很慢；如果你继续按住，它就会移动得更慢。

菜单键

▮▮	Pause暂停键：该功能键根据当前操作状态的不同而不同，按一次进入Pause状态，Pause灯亮；再按一次，取消菜单模式状态，开关闭灯。如果继续设定一个功能，按此键，按键后切割机连接收到数据，它会暂时存储在数据缓冲器中。
	Enter回车键：当设定一个功能时按该键对选择设定进行确认，在暂停状态，同时按住Enter和Origin键可以重新设定切割机。
	Origin原点键：此键用于改变坐标系统原始点的位置，当自动检测标记启动，按此键可自动检测。
	Copy(复制)键：重复切割机缓存内数据定义的切割操作。
	Conditions状态键：按该键可改变出现在切割机显示面板上的任何切割状态。
▲	Test测试键：按该功能键可进行切割测试，检查当前选择的切割状态是否适合装载的介质。
	Next Page翻页键：按该键可从一个菜单模式进入下一个菜单页。
■	Cancel/View取消键/视图键：在切割操作时，按该键可立即停止切割。当准备信息显示在切割机显示面板上，按该键移动笔架到最大切割或绘图范围之外，再按下该键，笔架回到原点。

（3）设定切割状态参数

① 设置切割模式。选择切割状态，按功能键（F1，F2，F3或F4）来选择一种预定义的相应数字的切割状态。如图5-12 所示。

② 设定刀片类型和偏移量。设置刀片类型，选择需要使用的切割刀片（或笔或压痕工具）。如果选择了笔，可以使用绘图笔，当选择了Creaser，可以使用压痕工具，选择实际要用的刀片或Other，刀片可以立即使用。

根据使用刀片类型，Offset参数让你设置正确的切割偏移量，因为在切割笔架中的刀尖没有位于笔的中心，刀尖的偏移必须用设定偏移参数来校正，此切割机已设定了各种刀片的偏移值，当选定刀片类型时自动选定最佳偏移值。此外，每种刀片的预设偏移值可以调整到a 5范围。

按 Conditions键来显示如图5-13所示的用于设定切割状态的菜单。

按F3（Offset）键来移动■闪烁的光标至如图5-13所示显示右上角，在这种状态下，刀片类型可通过按◁或▷Position键来改变，选择与当前刀片匹配的类型。

如果笔设置成了切割刀，按△或▽Position键在a 5之间调整偏移量的值。

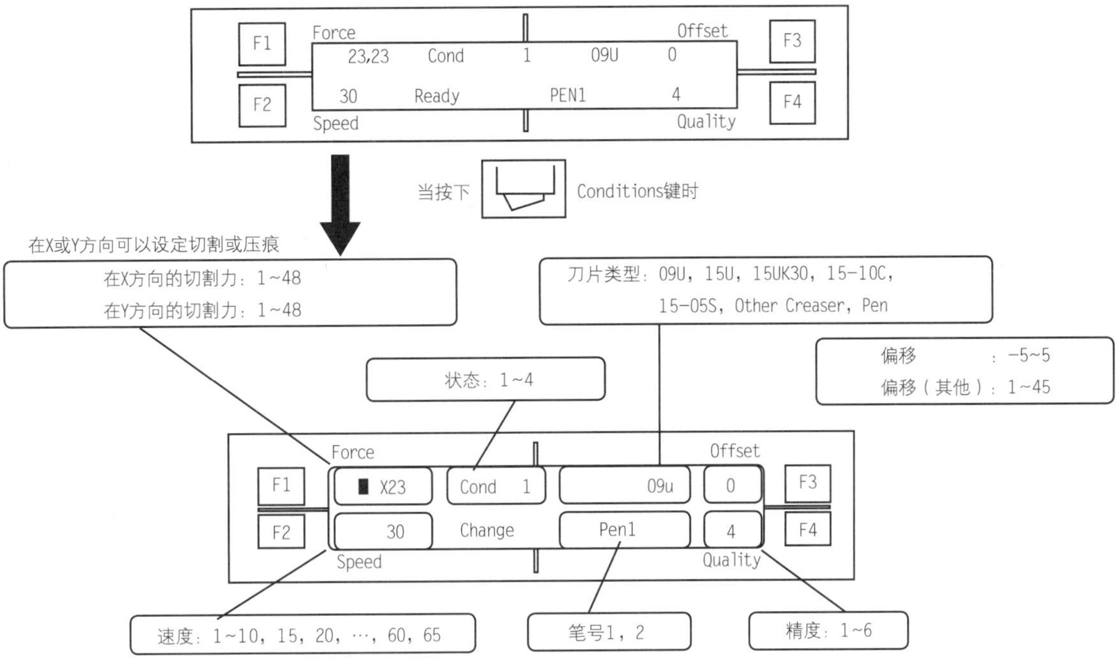

图5-12

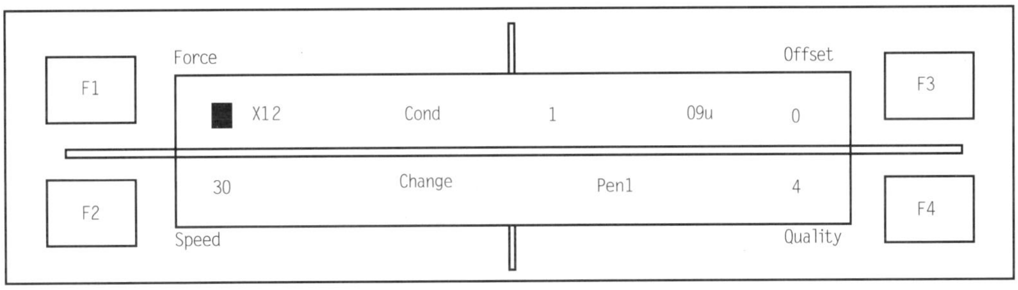

图5-13 设定切割状态的菜单

当满意显示状态时，按Enter键；如果要退出设置而不确认新设定，在按回车键之前按Next page键。

③ 设定切割速度。按功能键从 F1 到 F4 来选择被编辑的切割状态的状态号。

按 Conditions键来显示如下用于设定切割状态的菜单。

按 F2 （Speed）键来移动■闪烁的光标至如图5-13所示的显示左下角。

要改变速度设置，按△或▽Position键，可选的速度值设置：1~10，15，20，30，35，40，45，50，55，60，65。

在选择了理想的一组切割条件之后，按Enter键；如果不能确认新设定，则要退出操作设定，在按回车键之前按Next page键。

（4）设定压痕状态参数

① 设置压痕模式

如果选择了压痕设置，按Enter键选定上的“设置刀片类型和偏移量”进行设置，按 F1 键移动

■闪烁的光标到如图5-14所显示的位置。显示值是当前设置值时，按△或▽Position键改变压痕模式。

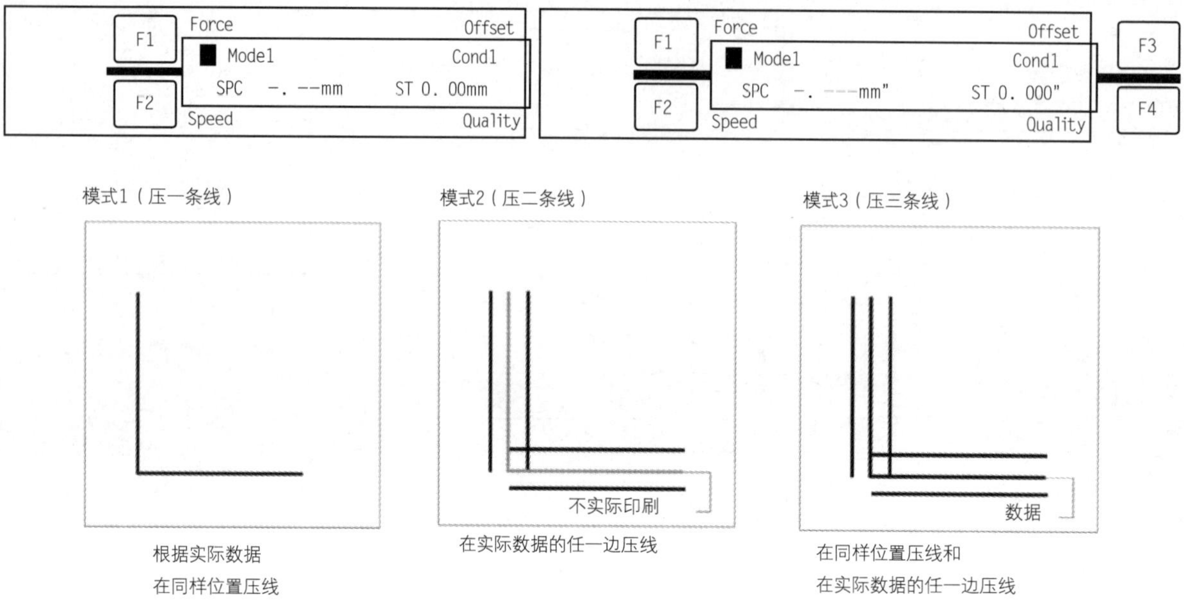

图5-14

② 设置压痕开始位置

按 F4 键移动■闪烁的光标到如图5-15所显示的位置。或按▷Position键来移动■闪烁的光标，然后按△或▽Position键改变设置值。设置数值范围在0～9.99mm。

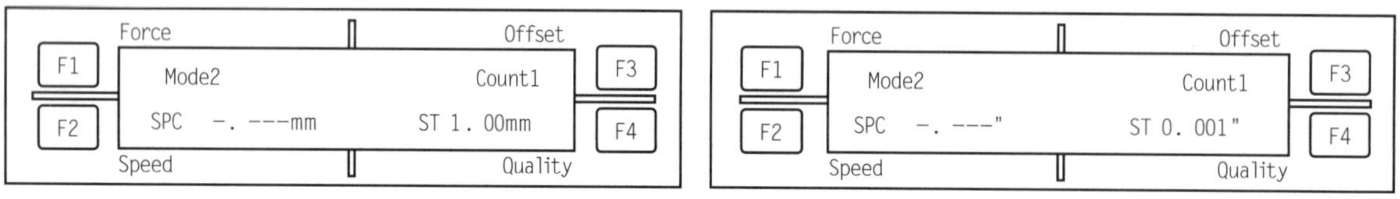

图5-15

在当前显示下，设置压痕开始位置，设置值是要移动的压痕线开始位置的长度，按▷设置完毕，按↵Enter回车键；如果不能确定新设定而需要退出操作时，在按回车键之前，按📖Next page键；要设置刀片类型，选择要使用的切割刀（或笔或压痕工具）。

5.1.4 FC4210-60纸盒输出打样具体步骤

① 首先，我们要准备好前序工作固定纸张，纸张一般直接放在有胶板的写面板上，但是由于胶板成本较高，我们采用粘贴式方法固定纸张，防止切割机操作时纸张错位。如图5-16所示。

② 启动与FC4210-60切割机连接的电脑，插好FC4210-60切割机电源，打开切割机的开关，如图5-17所示。

图5-16

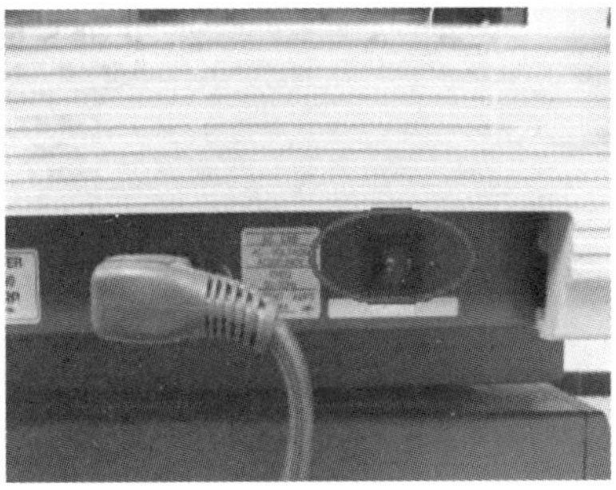

图5-17

③ 检查功能键、菜单键、位置键，使切割机的刀位复位，一切就位后准备打样纸盒样品，如图5-18所示。

④ 打开Adobe Illustrator软件绘制的纸盒平面展开图，可以是一件或多件排版的版面，FC4210-60切割机支持Adobe Illustrator8.0、9.0、10.0版本，其他软件不可以应用，如图5-19所示。

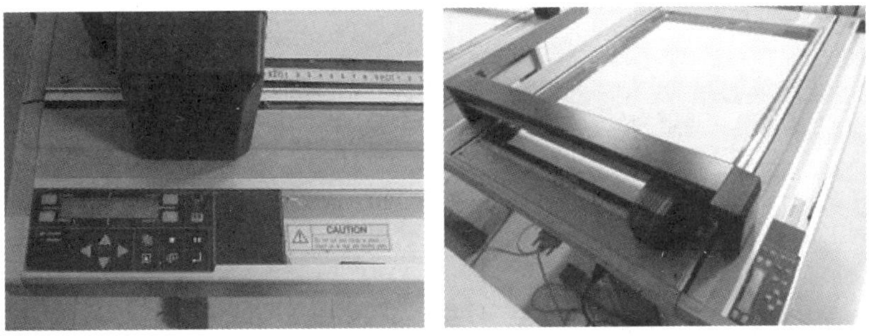

图5-18

图5-19

⑤ 选择文件菜单命令下Cutting Master切割命令中Settings，如图5-20所示。这时，出现对话框可进行设置参数，选择Output Settings设定压痕线、切割线，以免有误；图层1为切割命名cut，Layer2为Crease压痕图层，检查状态，如图5-21所示。

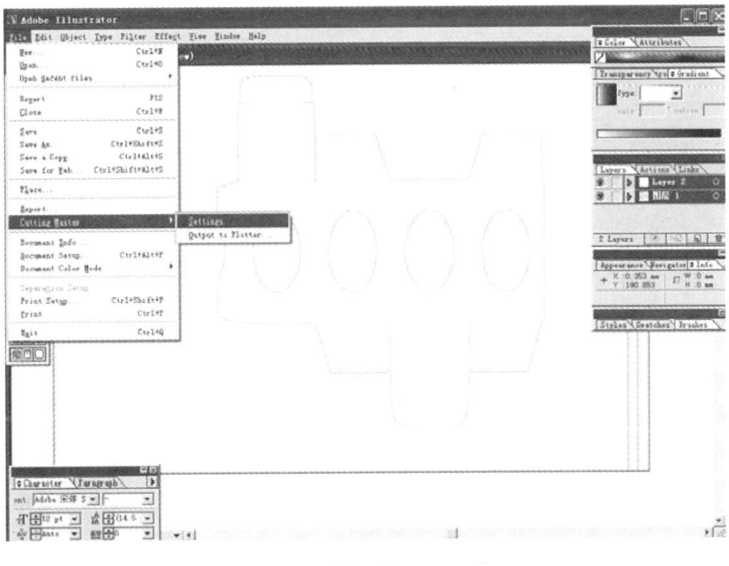

图5-20

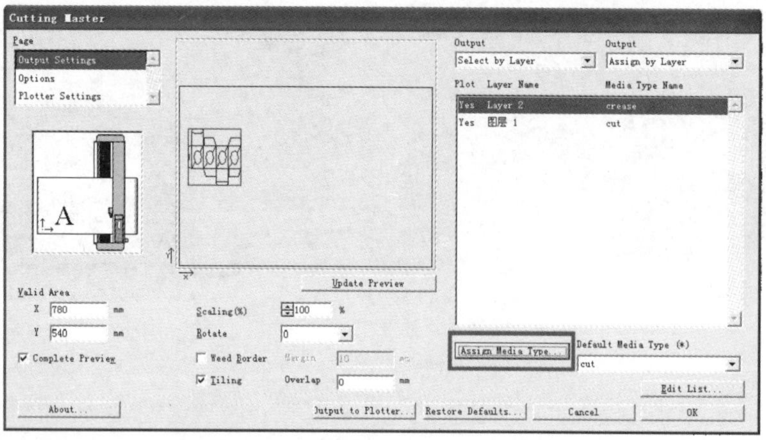

图5-21

⑥ 在界面上出现对话框，选择命令Options位置，确定纸张的切割位置，在Offset下进行x轴和y轴的输入，确定纸盒样品展开图的位置，合理运用纸张切割。根据需要，按百分比放大或缩小纸盒的尺寸，可以根据排版需要，将图纸水平、垂直倒置或旋转角度，如图5-22所示。

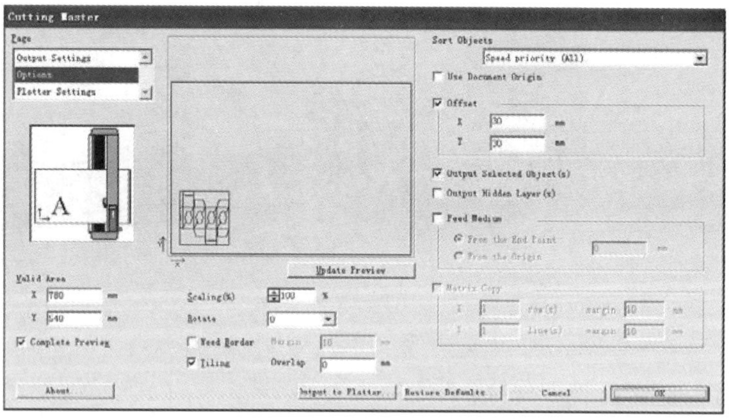

图5-22

⑦ 设置完毕后，点击Output to plotter，出现对话框界面，选择Y，纸盒切割机开始运行，先压后切，在曲线的位置，切割机运行较慢；如图5-23所示，进行纸盒样品切割。

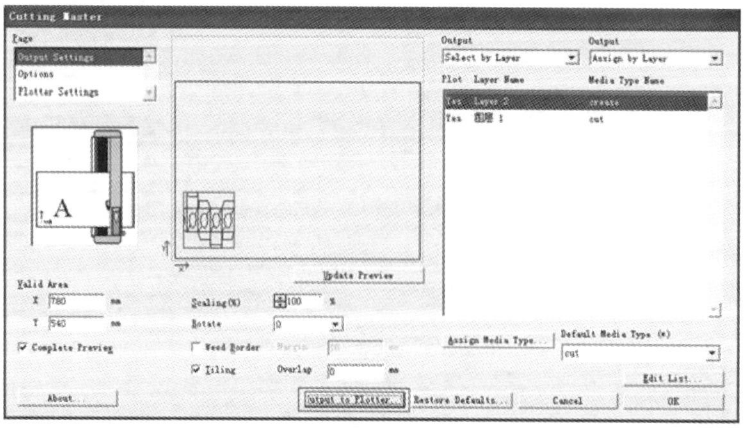

图5-23

⑧ 这时FC4210-60纸盒切割机在运行中，先压痕后按切割顺序进行纸盒输出打样，如图5-24所示。

⑨ 操作结束后，将刀位后移取出纸盒样品，并折叠成型。如图5-25所示。

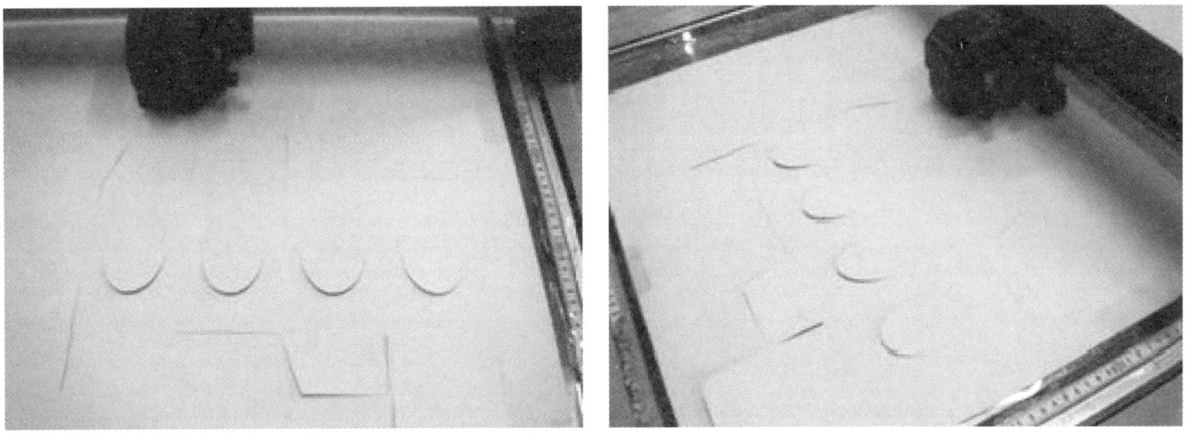

图5-24

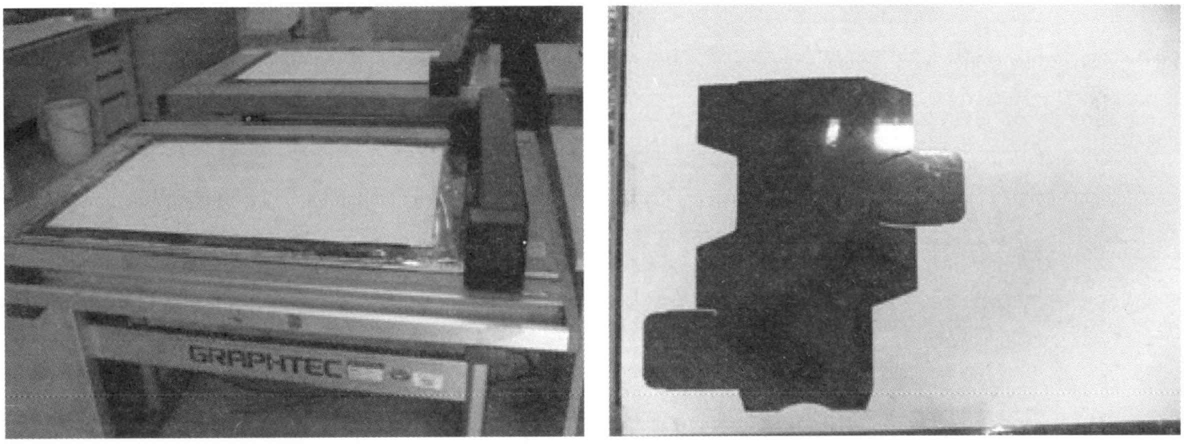

图5-25

5.2 运用Producer包装打样系统进行纸盒（箱）成型打样

前面介绍的FC4210-60小型纸盒打样设备只适合在一些中小型设计公司用来做销售包装纸盒设计的验证型打样成型，而目前生产企业使用的纸盒（箱）打样机适应面更宽。它们大多与某一种图形设计软件相配合，无论客户只提供了菲林、图样，还是只有文档，都可以经过设计软件重新测量绘制或修改处理，然后再输出成机器所识别的格式，由机器用刀具、压轮等工具加工出来。Producer包装打样系统就是目前行业内流行且使用广泛的较先进的打样设备。首先机器的精度远远超过人手，工作速度快，并且机器可以长时间连续工作而保持精度不变；其次机器的适应性很高，针对不同的材料（卡纸、瓦楞纸、灰板等）选用合适的刀具、压轮组合，可以加工出高质量的箱样；并可根据做出的实际箱样马上进行修改，随时根据客户的要求现场改动，只需很少时间就可以满足客户要求；因此这套先进、快速、准确的箱型打样机在纸箱纸盒的设计加工方面的优势已经得到了有力的验证和推广。

湖南工业大学包装设计学院纸盒成型实验室拥有这套包装打样系统设备，大大加强了和实际应用的接轨，实验效果显著，为提高学生实践能力提供了优越的条件。

5.2.1 Producer包装打样设备介绍

（1）Producer包装打样设备性能、特点及工作原理

Producer系列纸箱机是采用高性能控制系统来达到高速和高精度切割操作大型纸盒（箱）打样机目的的包装打样设备。由意大利SEI公司与北京邦友科技开发有限公司合作开发生产。Producer系列打样机采用高频电磁震动加工系统，可高速加工PPT、PVC、卡纸、灰板、塑料瓦楞，AAA段以下所有瓦楞纸板等各种材料。与邦友科技的自有产品BOX-Vellum设计软件平台相连，实现高速打样及小批量生产。

整个纸箱机系统分别由机床主体、机头、电控箱、控制计算机、真空泵、空压机六大部分构成。打样系统功能除了切割各种瓦楞纸、卡纸、牛皮纸、胶片、PVC材料、皮革、布料、泡沫、海绵及其他介质外，还可以在木板、纸板、胶板上面进行绘图。

Producer包装打样设备的工作原理是，用基于CAD平台开发的制图软件或Coreldraw、Illustrator等矢量软件绘图，然后经Producer运行专业软件处理，处理过的文件图形包含有实际箱样所需的压痕线型、切割线型(瓦楞纸/卡纸/菲林纸)以及还可能包括尺寸标注、文件注解等(卡纸/菲林纸等)，输出DXF图档，经过网络或数据线以一定的格式传送到机器上，机器机头控制系统接收指令，机器就会自动识别图形中的各种线型而选用相应的工具(刀/压轮/笔)，同时根据对应的参数设置，如工作速度、工具类型、刀片切割的深度、压痕的深浅等进行工作，完成样板或绘图。

本机器采用大型机床载纸，真空泵真空吸附方式固定所切割的材料，刀片按切割程序进行工作。机器配有振动、切割刀安装头、绘图圆球笔安装头、压轮安装头三个工具头，可同时进行，一次性完成盒型。

Producer包装打样设备性能特点：

① 速度更快：其速度可与同类进口设备媲美，一个盒型图形几分钟即可完成加工，机器可以连续工作，可小批量生产。

② 精确度高：采用高精度松下伺服电机，重复精确度可达±0.1mm。

③ 免开刀模：可避免因客户不断修改盒型而造成前期多次试样打样在刀模和时间方面的浪费。

④ 效果好：切出来的效果与刀模成型产品一致，而且不浪费刀模，速度快。

⑤ 应用广泛：能切割的材料品种和绘图多，应用广泛。

⑥ 更安全：带有安全保护装置，避免人身伤害。

⑦ 操作简单：全自动电脑程序控制机器切割，操作简单。懂AutoCAD和盒型的员工半天内就可以学会，能自己正常操作。

（2）纸箱机主体部件及功能介绍

A．机床主体（图5-26a和图5-26b）

① 机头：驱动纸箱机笔柱/刀具/压痕工具左右移动。

② X道轨：控制Y轴左右移动。

③ Y道轨：控制机头左右移动。

④ 操作平面：在这里执行切割/绘图/压痕操作。

⑤ 控制按钮：为纸箱机的快捷操作按钮和紧急开关。

⑥ 支架：支撑纸箱机操作平面。

⑦ 机脚：用于调节机器水平度。

图5-26a

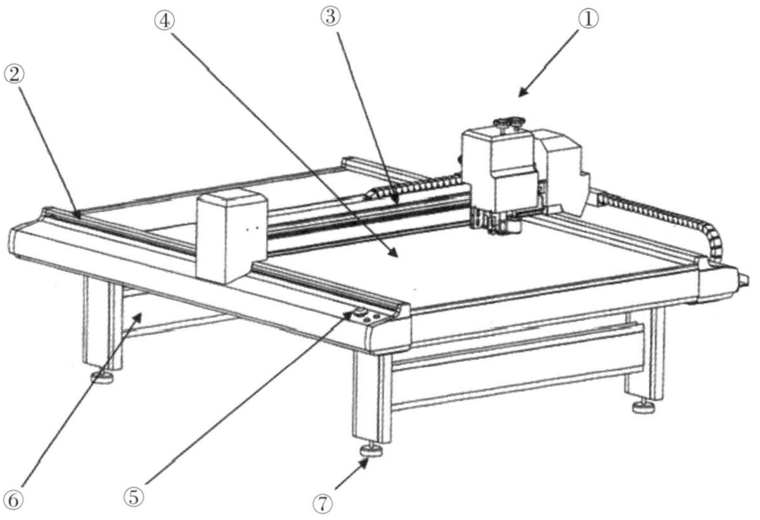

图5-26b

注：真空台面没有用到的地方，请用不透风物体或纸板盖好，有利于增强真空吸力。

B．机头（图5-27a和图5-27b）

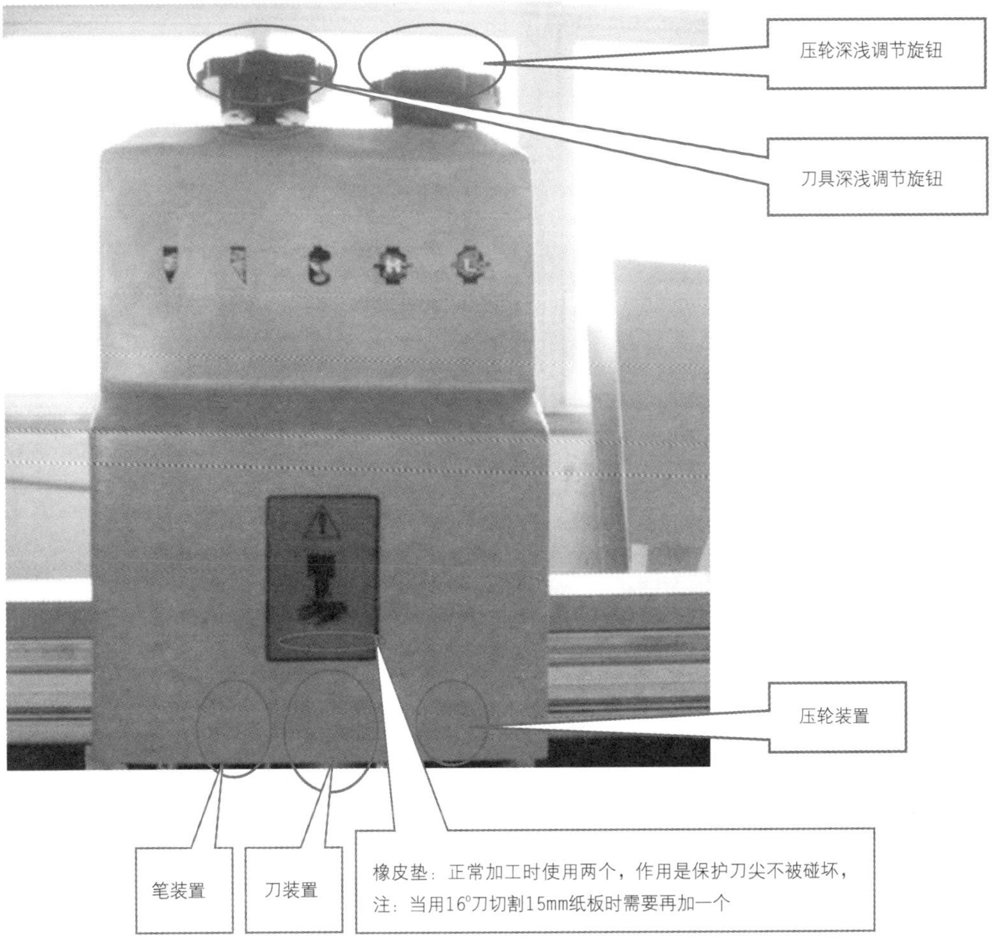

图5-27a

① 机头罩：用于机头的包装。

② 压轮：用于产生压痕线的工具。

③ 压脚：切割过程中用于固定切割介质，保护刀片。

④ 刀架：安装各种刀具。

⑤ 笔架：安装绘图笔。

⑥ 机头安装孔：机头安装调节定位孔。

⑦ 压痕深度调节旋钮：用于调节压痕线的深浅。

⑧ 切割深度调节旋钮：用于调节切割的深浅。

⑨ Y导轨：机头在此导轨上运动。

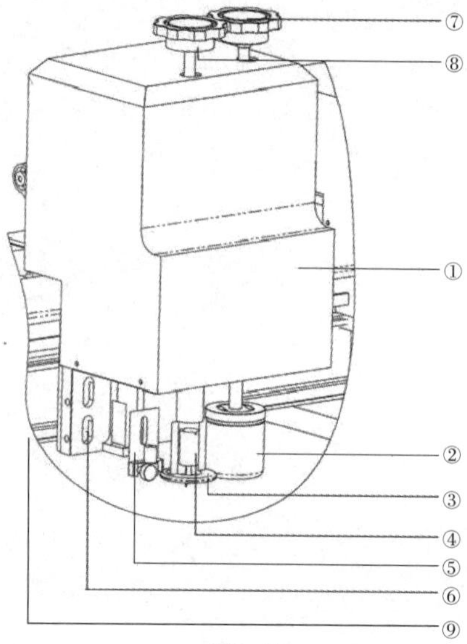

图5-27b

c．控制箱（图5-28）

① 电源开关：机器电源开关。

② 进线槽：伺服电机编码线通过此槽插入到内部伺服驱动器。

③ PE：通过该装置连接控制箱到大地。

④ 电源插座：连接单项220V交流电源。

⑤ 保险丝座：内装10A保险管。

⑥ 37针数据线接口：用数据线连接到控制计算机运动控制卡。

⑦ 25针数据线接口：用数据线连接到控制计算机运动控制卡。

⑧ 真空泵接触器插座：连接到真空泵的接触器。

⑨ 振动电机插座：连接到机头振动电机。

⑩ 3（Z轴限位信号插座）：连接机头限位传感器。

⑪ 2（Y轴限位信号插座）：连接Y轴限位传感器。

⑫ 1（X轴限位信号插座）：连接X轴限位传感器。

⑬ X电机插座：连接到X轴伺服电机。

⑭ Y电机插座：连接到Y轴伺服电机。

⑮ Z电机插座：连接到Z轴伺服电机。

⑯ 紧急开关插座：连接到机器上紧急按钮。

⑰ 压脚气管接口：连接机头压脚气缸。1—进气口；2—出气口。

⑱ 绘图笔气管接口：连接机头绘图笔气缸。3—进气口；4—出气口。

⑲ 切割刀气管接口：连接机头切割刀气缸。5—进气口；6—出气口。

⑳ 压轮气管接口：连接机头压轮气缸。7—进气口；8—出气口。

㉑ 气管接头：按控制箱内部气路。

㉒ 总气开关：控制箱内部气路的开启与关闭。

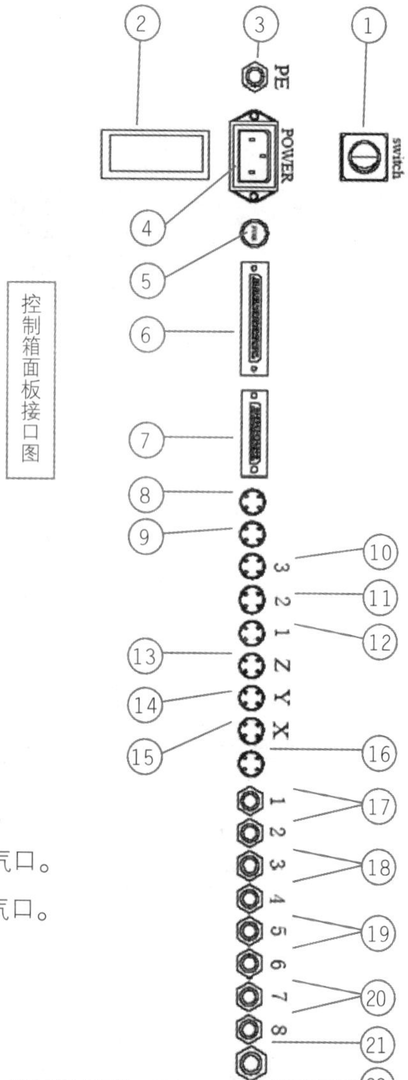

图5-28 控制箱面板接口图

（3）纸箱机辅助配件及功能介绍

切割刀具的型号（图5-29）和特点

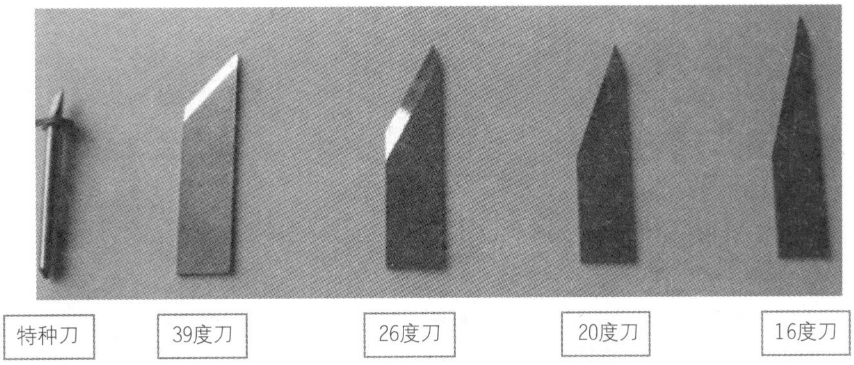

图5-29 切割刀具

左一：特种刀，适合切割范围1.5mm以内。切割材料：卡纸、牛皮纸、灰板纸、胶板、不干胶纸。

左二：39度刀，适合切割范围3mm以内。切割材料：卡纸、牛皮纸、灰板纸、胶板、不干胶纸、复合材料。

正中：26度刀，适合切割范围5～7mm。切割材料：瓦楞纸、卡纸、牛皮纸、灰板纸、胶板、不干胶纸、复合材料。

右二：20度刀，适合切割范围7～10mm。切割材料：瓦楞纸、卡纸、牛皮纸、灰板纸、胶板、不干胶纸、复合材料。

右一：16度刀，适合切割范围10～15mm。切割材料：瓦楞纸、卡纸、牛皮纸、灰板纸、胶板、不干胶纸、复合材料。

压痕工具的型号（图5-30）和特点

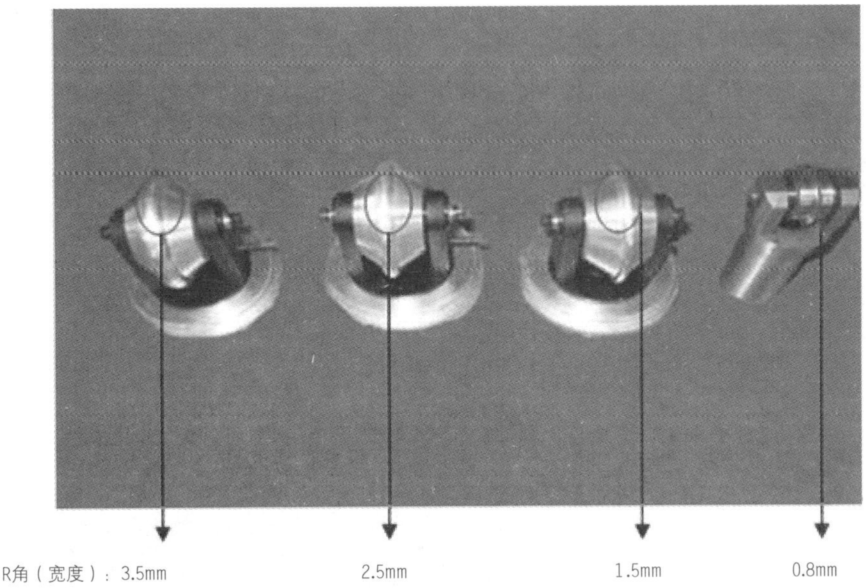

图5-30 压痕工具

左一：7mm压轮，适合范围7~10mm，适合材料：瓦楞纸。

左二：5mm压轮，适合范围5~7mm，适合材料：瓦楞纸。

右一：3mm压轮，适合范围3~5mm，适合材料：瓦楞纸。

右二：2mm压轮，适合范围2mm以内，适合材料：瓦楞纸、卡纸、牛皮纸、灰板纸、胶板、不干胶纸、复合材料等。

（4）部件安装、调节操作介绍

① 刀具和压轮深浅调节（图5-31）

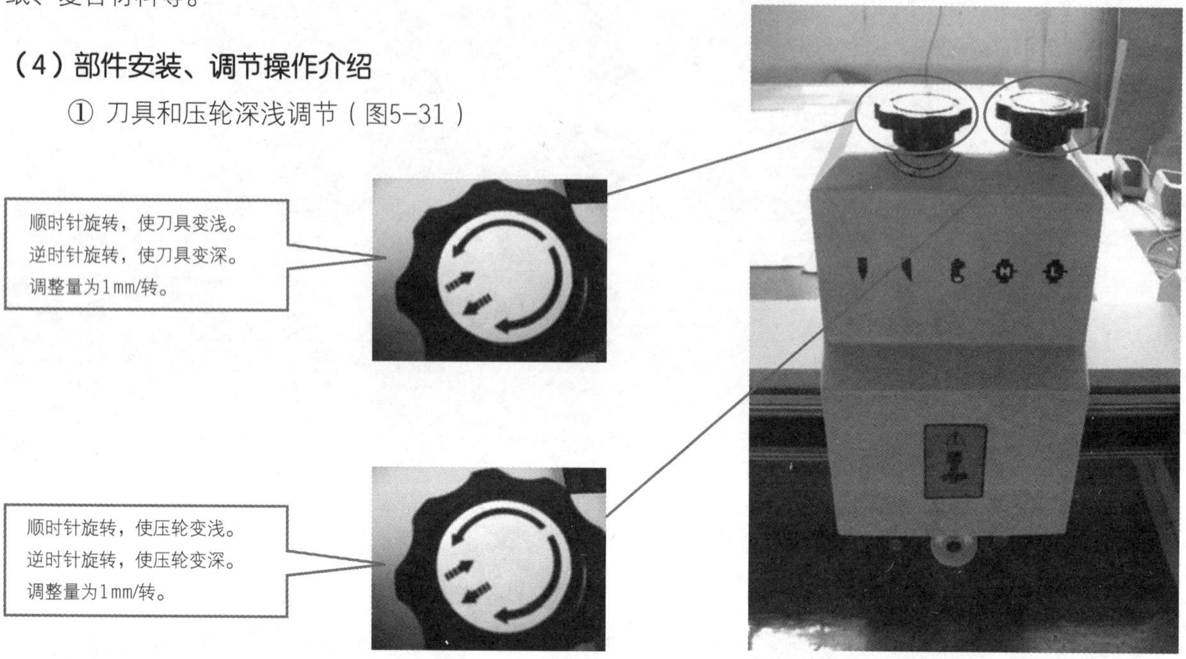

图5-31　刀具和压轮深浅调节

注：当导入包装打样操作系统相应的盒型文件，放好需要切割、压痕的材料后，需要点击“震动刀具”按钮，以验证刀片能否穿透需打样材料。穿透深度以2mm为宜，过浅或过深均应相应进行刀具调节。

② 刀片安装

刀片安装如图5-32所示：左图刀刃向外，正确；右图刀刃向内，错误。

注：切割刀的安装深度以刀尖刺入真空皮内0.5mm为宜，以保证机器台面材料的使用寿命。

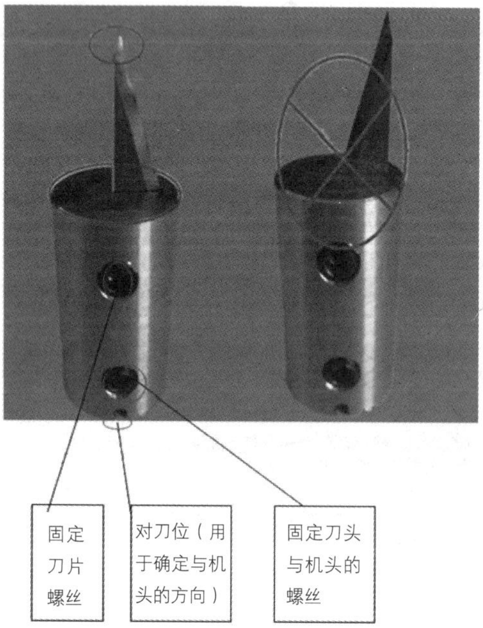

图5-32　刀片安装

③ 压轮安装（图5-33a和图5-33b）

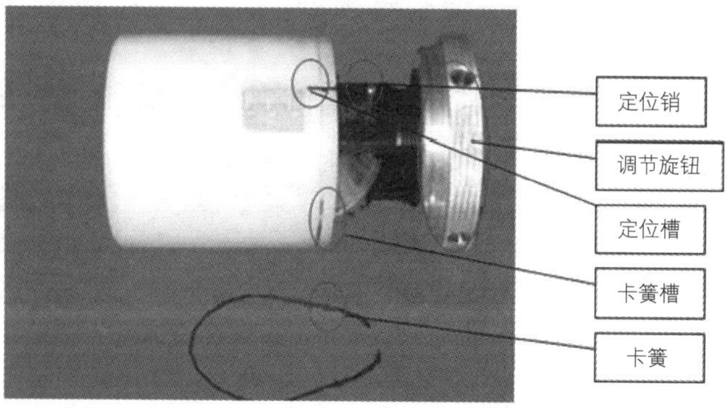

图5-33a　压轮安装

安装顺序：

a．将定位槽对准定位销，向上推进。

b．将卡簧卡在卡簧槽内。

c．调节好压轮深度即可。

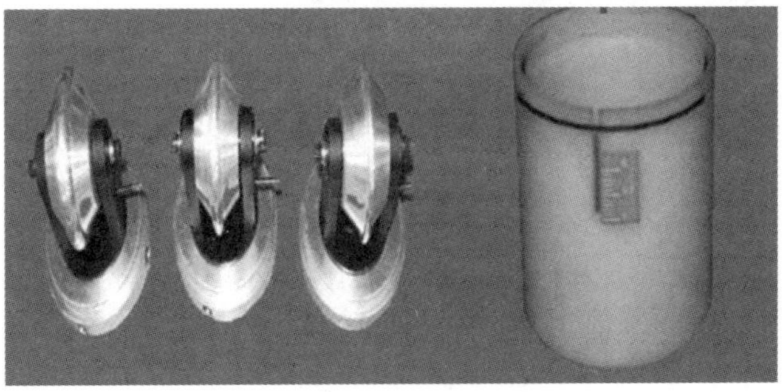

图5-33b　压轮安装

（5）启动、运行纸箱打样系统

① 打开计算机。

② 运行控制软件。

③ 开启真空泵电源，使真空泵工作正常。

④ 打开纸箱机控制箱电源，并检查纸箱机平台上的紧急按钮，确保紧急按钮开启。

纸箱机上的三个特殊按钮介绍（图5-34）

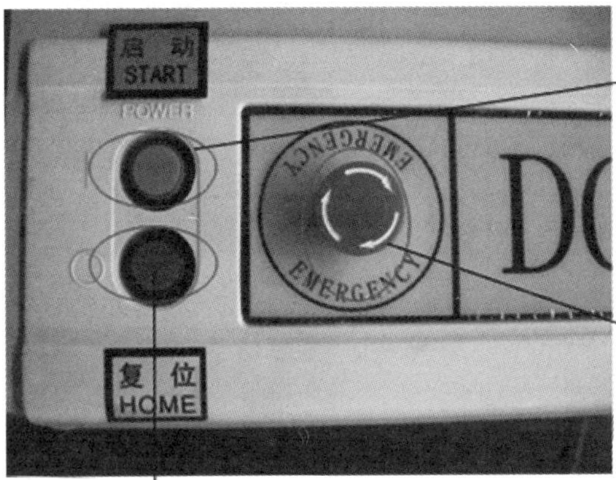

图5-34　纸箱机按钮说明

⑤ 使用控制软件导入早先设计好的需要加工的文件如DXF或PLT文件，然后加工。

注：（1）每次使用前应查看刀片、压轮、绘图笔是否完好。

（2）每次开机前应先打开气泵，再打开电脑及软件，最后打开控制箱。机器使用完毕，请关闭各种电源（空压机、电脑、真空泵、纸箱机）及气阀开关。

附录

通用性能参数	
机型	DCZ系列
驱动系统	全部数字伺服驱动
最大切割范围	由机型确定
可切割介质厚度	≤15mm

最高切割速度	1000mm/s
机械精度	≤0.01mm
程序精度	0.025mm/0.01mm
重复精度	≤0.01mm
支持文件格式	HP-GL（PLT）、DXF
使用工具数	3
兼容刀片类型	公司定制刀片
使用的切割介质	瓦楞纸、胶片、白卡纸、牛皮纸、塑料板等
接口	PCI
额定电压	AC：220V、AC：380 V
真空泵功率	5.5kW
空压机功率	1.5kW
机器功率	2.5kW
总功率	9.5kW（真空泵+空压机+机器）
操作环境	-20℃～50℃，35%～75% RH

5.2.2 Producer包装打样系统控制中心软件介绍

① 软件工具栏主要是用来操作输出打样动作过程，借助这些工具可有效把握输出打样流程（图5-35）。

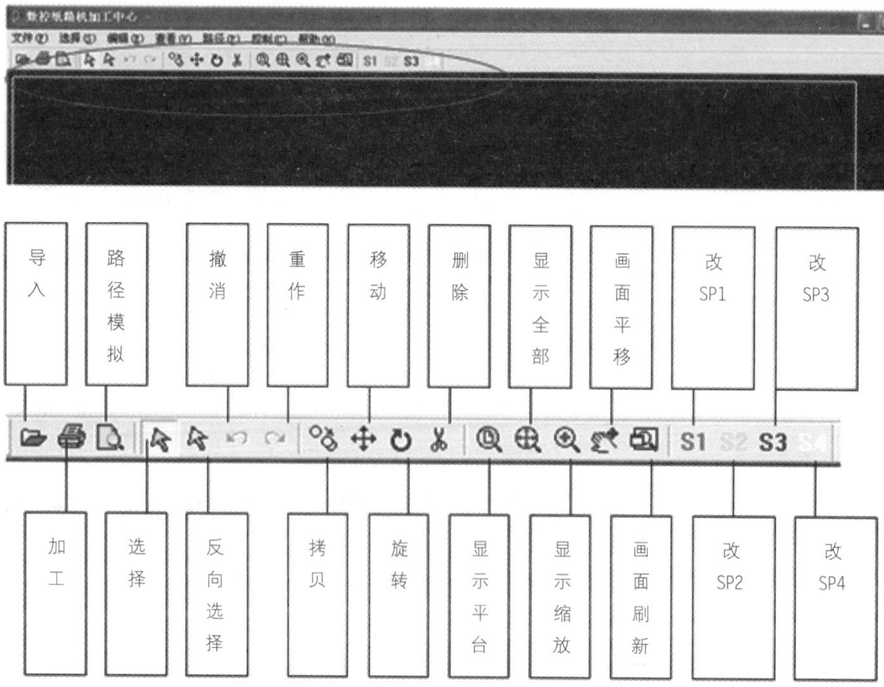

图5-35　软件工具栏

② 菜单栏包括“文件”、“选择”、“编辑”、“查看”、“标注”、“路径”、“控制”、“帮助”等。它的主要功能是把绘制的图纸进行修改、编辑和完善，达到可以系统输出的要求，保证打样的质量。此处不做详细介绍，请查阅相关软件使用手册。

5.2.3 Producer纸盒打样实例操作步骤

首先进行图纸的编辑完善，做好加工前的图纸准备，然后进行设备参数设置，最后进入机器运转加工。

步骤01

双击“AokeCut.exe”图标，打开大型纸盒（箱）打样机的桌面控制操作系统“AokeCut”加工中心软件，打开后显示桌面及其介绍（图5-36a和图5-36b）

图5-36a 桌面图标

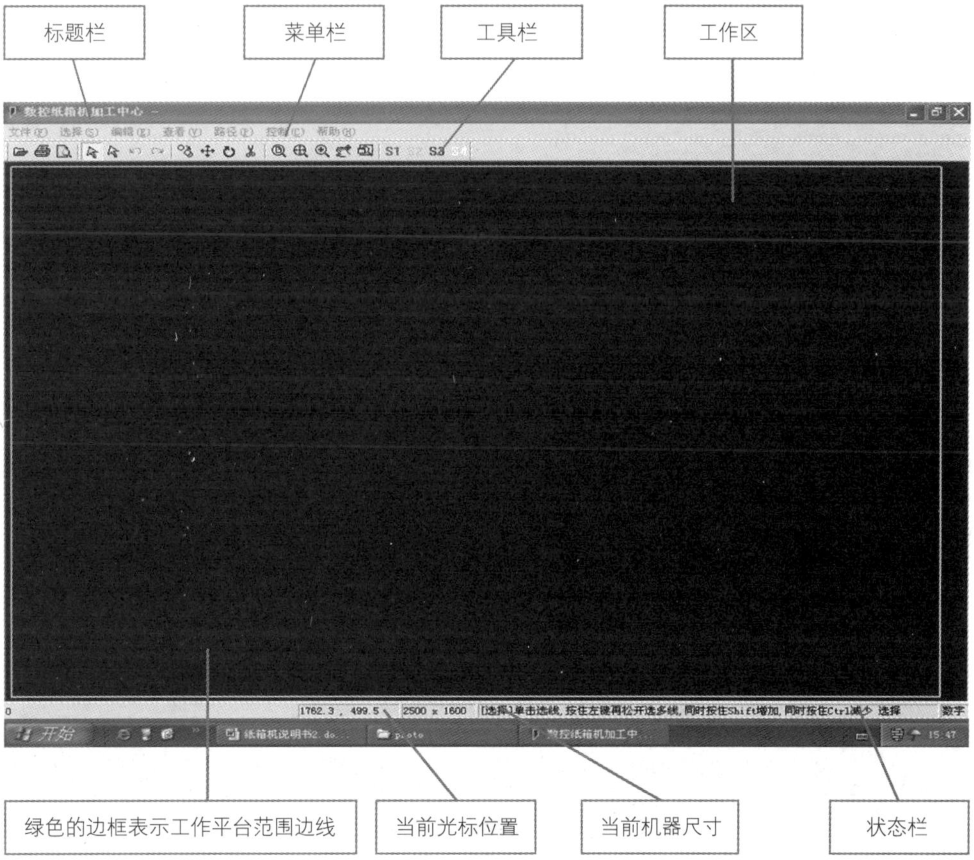

图5-36b 加工中心软件

步骤02

点击“文件”菜单下的子菜单“导入”或按Ctrl+I键，或单击工具栏中的命令，弹出导入对话框（图5-37）：

选择先前已做好并存储的盒型文件所在路径，在“导入”对话框中，根据需要，选择和设置选项，如“导入格式”、“图形比例”、“与原点偏移”、“优化选项”。设置完单击“确定”（图5-38）。

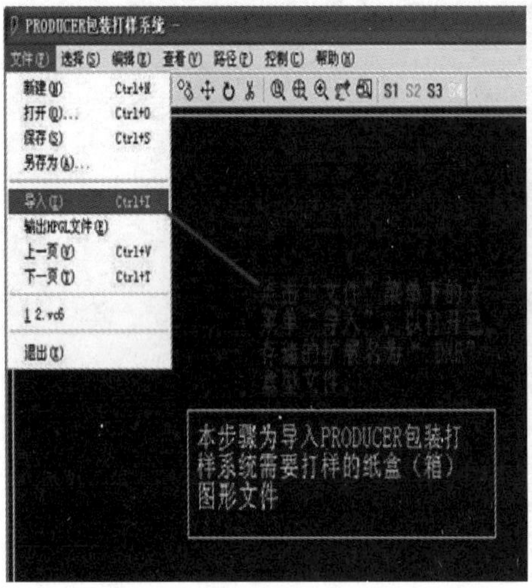

图5-37

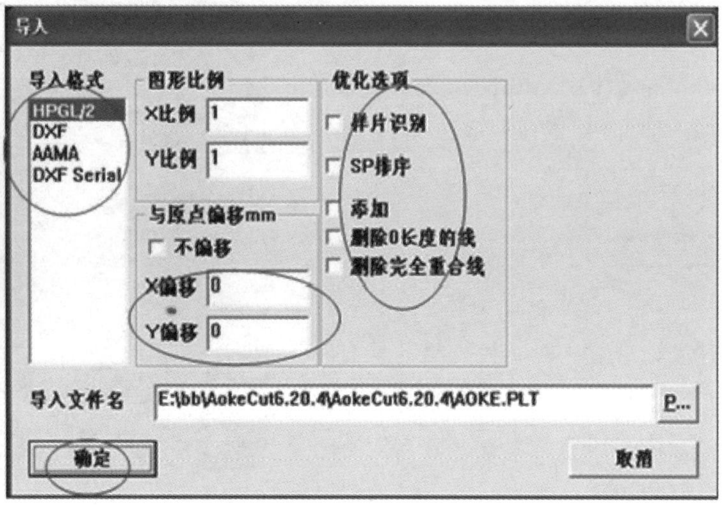

图5-38

注意：导入的格式中AutoCAD R12选取DXF，当部分DXF格式文件不能识别时选取DXF Serial。优化选项是当CAD软件生成不正确的打印文件导入时才需要优化，也可以在导入时不优化，而在导入之后执行合适的优化命令。“不偏移”、“X偏移”、“Y偏移”的设置，表示图形最大包围盒的左下角点是否与机器原点有偏移，偏移的具体数值；如图5-39所示为导入后的盒型文件。

步骤03

导入需要的盒型文件后需进行打样前的图纸编辑设置，点击“编辑（E）”菜单下的子菜单“打断（Ctrl+B）”，把源文件做图用线打断，以便下一步确定压痕线和切割线（图5-40）。

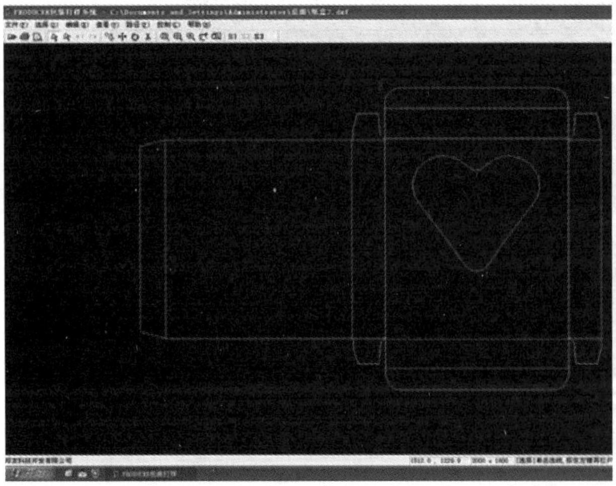

图5-39　导入后的盒型文件

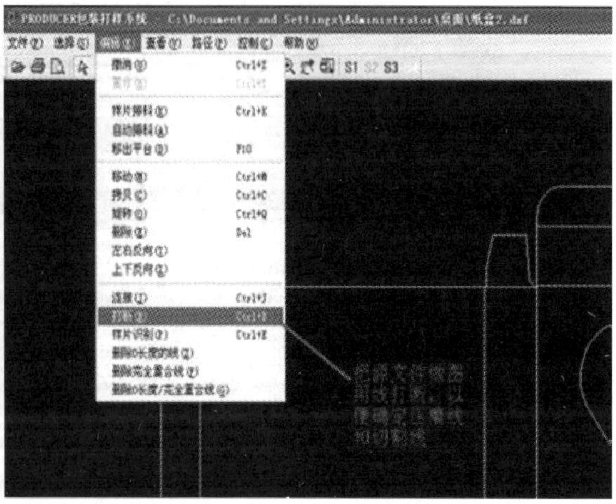

图5-40

步骤04

对盒型源文件用线打断后，为了避免在机器工作中切割、打样材料挪动所带来的不便，应依据“先压痕后切割”的操作原则。因此，应首先进行压痕线确定，具体操作方法为：点击需要压痕的单线，然后点击S2（压痕线），使之变为S2指定的颜色（默认为绿色），多条压痕线应重复操作。确定完压痕线后，进行切割线的确定，具体操作方法为：点击要切割的单线，然后点击S3（切割线），使之变为S3指定的颜色（默认为深蓝色），多条切割线需重复操作。如图5-41a和图5-41b所示。

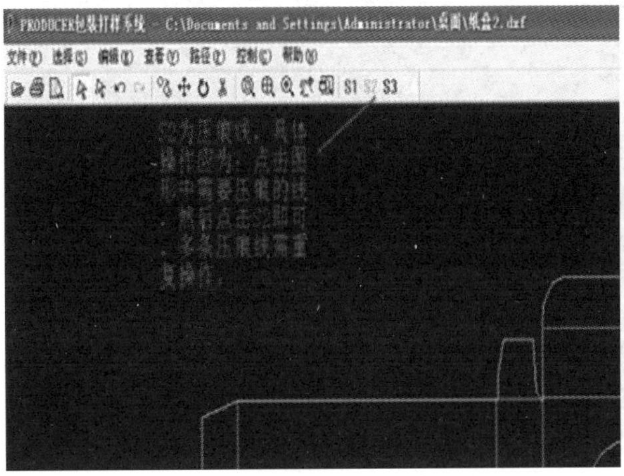

图5-41a

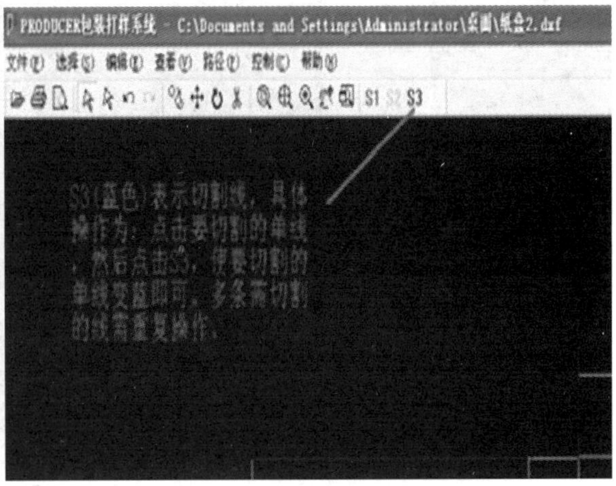

图5-41b

步骤05

确定好压痕线和切割线后，点击“路径”菜单下的子菜单“排序”，对确定好的压痕线和切割线进行排序，以指定机器操作的顺序(图5-42)。

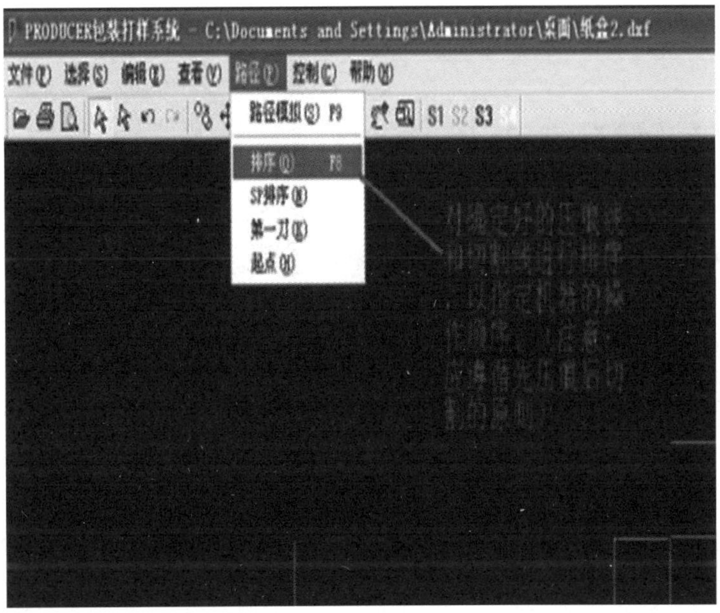

图5-42

注：应遵循“先压痕后切割”的原则。

步骤06

把图形中的单线按照先压痕后切割的原则依次排序后，整个图形的颜色将变为紫色，然后点击“路径”菜单下的子菜单“路径模拟”进行压痕切割真实操作前的模拟操作（图5-43a和图5-43b）。

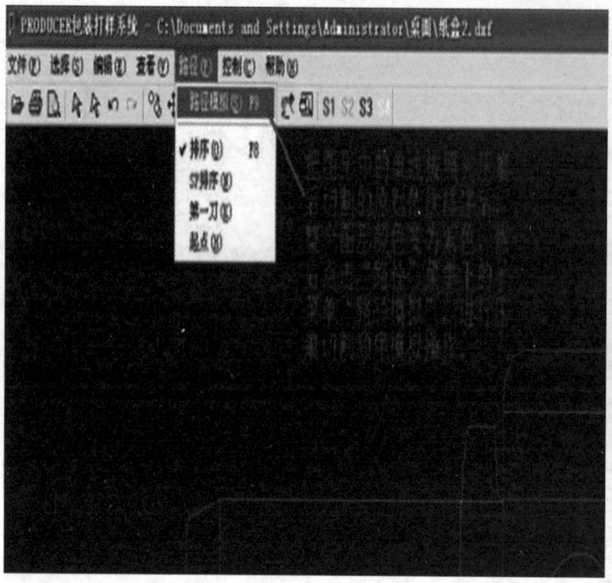

图5-43a

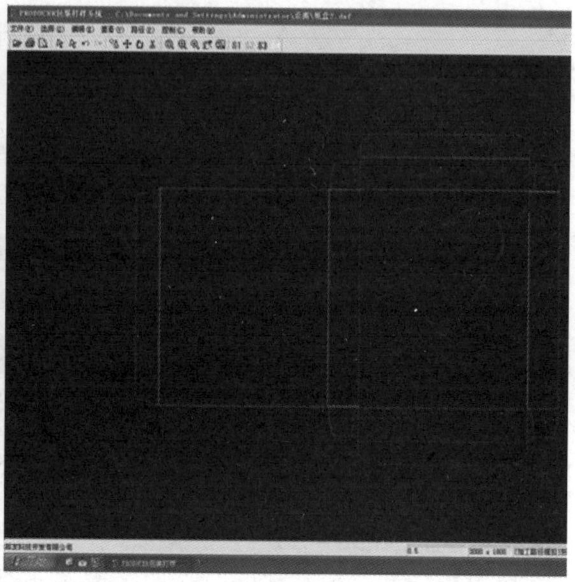

图5-43b

步骤07

“路径模拟”操作完成后，进入加工前机器设备调试阶段，具体操作方法为：点击“控制”菜单下的子菜单“加工”进行加工前调整，点击“加工”后弹出的加工对话框（图5-44a和图5-44b）。

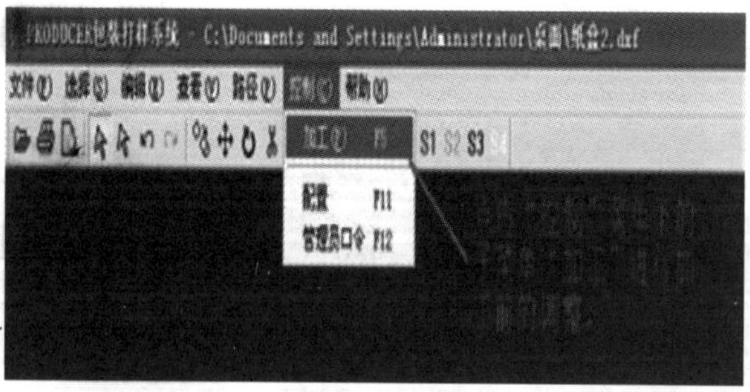

图5-44a

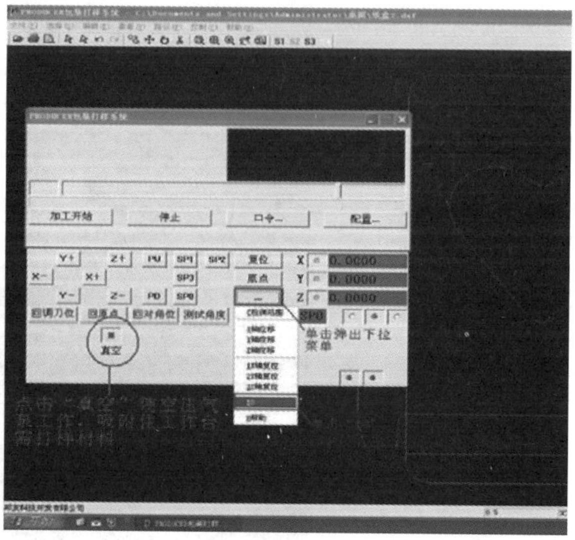

图5-44b

步骤08

点击“真空”使空压泵工作，吸附住工作台需打样材料。然后点击“…”弹出下拉菜单，单击“IO”。

此步骤为加工前调整很重要的一步，为震动刀具及检查刀片能否正常割开需打样材料做准备(图5-45)。

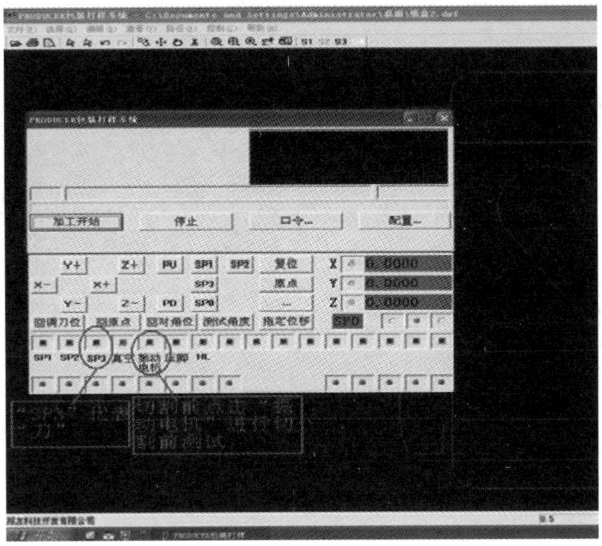

图5-45

步骤09

“SP3”代表切割机头上的切割刀头，点击选择“SP3”使红方块变亮，接着点击“震动电机”。此步骤为检查刀片能否正常切割需打样材料（以刀头刺透台布2mm为宜），没能穿透则意味着打样过程中也不能切割打样材料，穿透过深则对台面损耗较大。过深、过浅都需调节，具体操作步骤见图5-31和图5-46所示。

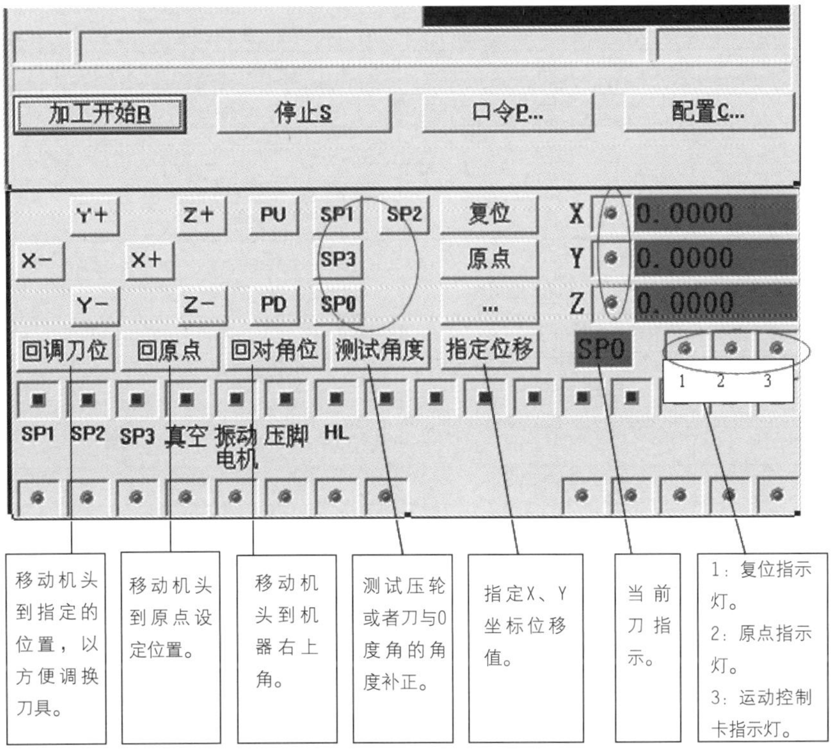

图5-46

步骤10

单击“开始加工”按钮或按F5键，机器开始加工。当加工完成，机器自动停止运动。加工过程中，加工中心面板的画面如图5-47所示。

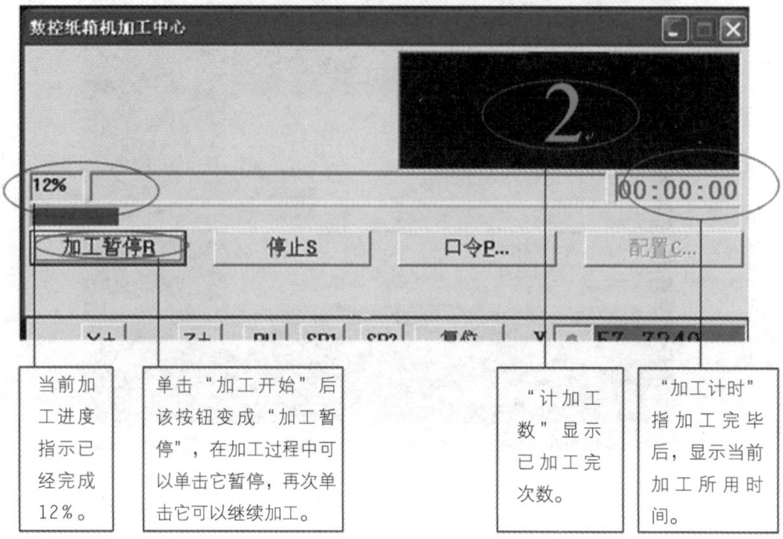

图5-47

附录

Producer包装打样系统软件操作快捷键列表			
名称	快捷键	名称	快捷键
修改SP1	F1	显示缩放	Ctrl+F
修改SP2	F2	画面平移	Ctrl+G
修改SP3	F3	隐　含	Ctrl+H
修改SP4	F4	导　入	Ctrl+I
加　工	F5	连　接	Ctrl+J
显示方向	F6	样片排料	Ctrl+K
反　向	F7	清空选择	Ctrl+L
排　序	F8	移　动	Ctrl+M
路径模拟	F9	新　建	Ctrl+N
移出平台	F10	打　开	Ctrl+O
配　置	F11	显示平台	Ctrl+P
管理员口令	F12	旋　转	Ctrl+Q
选择SP1	Ctrl+1	画面刷新	Ctrl+R
选择SP2	Ctrl+2	保　存	Ctrl+S
选择SP3	Ctrl+3	下一页	Ctrl+T
选择SP4	Ctrl+4	上一页	Ctrl+V
显示全部	Ctrl+A	显　示	Ctrl+W
打　断	Ctrl+B	重　做	Ctrl+Y
拷　贝	Ctrl+C	撤　消	Ctrl+Z
反向选择	Ctrl+D	删　除	Delete
样片识别	Ctrl+E	退出软件	Alt+F4

6 纸盒的连接成型

纸盒通过切割、压痕的打样程序后，需要围合固定成型，才能成为真正意义上的纸盒包装。可见，后期的连接成型也是非常关键的步骤。

6.1 折叠纸盒的连接方式及成型

折叠纸盒连接方式：纸盒的连接成型有黏合（胶黏剂黏合）、钉合、胶带连接及免胶锁合成型四种。

6.1.1 黏合

将两端的糊头襟片部分通过胶黏剂黏合，是常用的、重要的折叠纸盒连接方式，适合较为轻小物品的包装连接。其中，胶黏剂黏合必须使用质量好的胶黏剂，能够快速黏合与干燥。胶黏剂种类较多，主要有水玻璃、化学变性淀粉、聚乙烯醇和聚醋酸乙烯乳液等。

在纸盒的黏合成型方法上，首先我们必须要了解包装所用的各种纸材，不同的纸材，纸的黏合性不同。

胶黏剂黏合图形符号如图6-1所示。

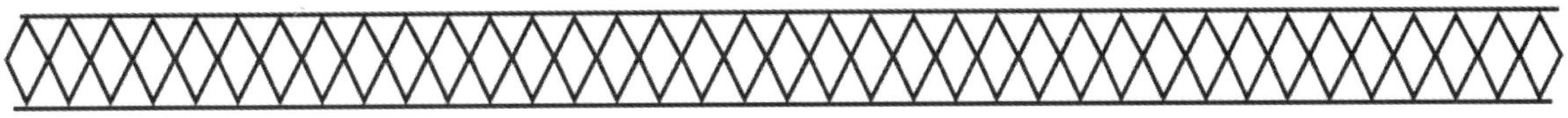

图6-1　胶黏剂黏合图形符号

下面介绍几种常用的胶黏剂：

（1）淀粉黏合剂

以淀粉（小麦淀粉、土豆淀粉或薯类淀粉)为原料，具有黏性的物质，借助其黏性能将两种分离的材料连接在一起的黏合剂。淀粉黏合剂的黏接具有强度高、纸板挺度大、不吸潮变软、无腐蚀、无污染、使用成本低等优点。广泛应用于白纸板、瓦楞纸板等的黏合。

（2）含玉米淀粉的白板纸专用胶

以玉米淀粉为原料制作，借助其黏性能将两种分离的材料连接在一起的黏合剂。特点：① 干燥迅速：有瞬干型、速干型、快干型，5～20分钟即干。② 黏合牢固：胶后1～5分钟全黏，黏合强度达到或超过白乳胶。③ 用量节省：每平方米单面涂胶量仅为35～45g胶水，成本低廉。④ 胶膜坚硬：胶膜硬度高于水玻璃(又叫泡化碱)，明显比白乳胶胶膜硬，所黏纸板硬度好，强度高，平整如镜。⑤ 耐潮优异：胶膜的耐潮性明显超过其他胶水类如淀粉胶和水玻璃，与白乳胶相当，能完全满足冷库等潮湿环境下储存和海洋运输出口包装的要求。

（3）聚乙烯醇水性黏接剂

此种黏结剂为中性透明液体，无毒，无味，有较宽的耐温范围和较好的防水性，对纸张，特别是瓦楞纸有很好的附着力和黏接力，是广泛使用的重要胶黏剂。

（4）牛皮纸胶

采用进口合成乳液为基料，为高质树脂活性的水基黏合剂。具有黏接强度高、初黏好、干燥快、无拉丝、气味低等特点。为专用于牛皮纸的高难度黏合胶水，纯白色膏状液体。 黏度：6000～8000厘泊。使用方法为：① 手工涂封，② 压合一段时间则效果更好。

（5）玻璃胶

硅酸钠是无色固体，密度为2.4g/cm^3，熔点为1321K(1088℃)。溶于水成黏稠溶液，俗称水玻璃、泡花碱，是一种无机黏合剂。主要特点：黏接力和强度较高，玻璃硬化后的主要成分为硅凝胶和固体，表面积大，因而具有较高的黏接力。但水玻璃自身质量、配合料性能及施工养护对其强度有显著影响。耐酸性好，耐热性好，耐碱性和耐水性差。

（6）环氧树脂胶黏剂

环氧固化物的内聚强度很大，所以其胶接强度很高。与多种有机物(单体、树脂、橡胶)和无机物(如填料等)具有很好的相容性和反应性，易于进行共聚、交联、共混、填充等改性，以提高胶层的性能。此种胶黏剂特别适合纸盒中硬聚氯乙烯（RIGID PVC）透明片材的黏合。

6.1.2 胶带连接

胶带连接则主要用于纸盒，纸箱上、下底的封合。由于胶带粘贴在纸容器封盖外表面，影响纸容器的外观美，因此包装纸盒的成型所用专业的胶带通常是BOPP封箱胶带。

胶带连接图形符号如图6-2所示。

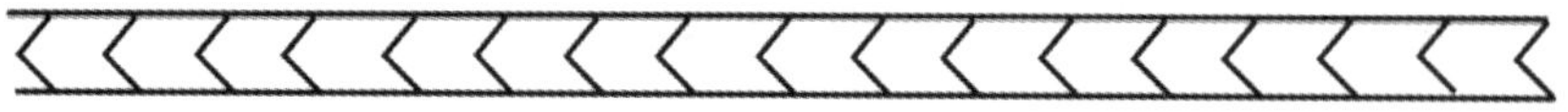

胶带纸黏合

图6-2　胶带连接图形符号

胶带有许多优良特性，如瞬时胶黏力、固定能力，可以有控制地展开并容易撕断，还有柔顺性、平滑性、抗转移、抗溶剂、抗碎裂、抗回缩、抗剥离等功能，广泛用作纸盒固定封合以及封箱盖和底连接。

6.1.3 钉合

钉合成型就是利用镀锌扁铁丝将不同盒面钉封在一起。钉合采用U形钉，利用装订机装订，强度较高，但U形钉容易生锈，且不便于容器的回收利用。钉合与胶黏剂一样多用于纸盒、纸箱本体侧接缝的接合。

钉合图形符号如图6-3所示。

U形钉钉合

图6-3　钉合图形符号

钉合成型通常运用在比较厚的纸材上以增加其牢固性，用得最多的是瓦楞纸材，比如瓦楞箱等通常都会用钉合成型的方式。如图6-4所示钉锯分为斜钉、直钉和横钉三种基本形式，结构有单斜钉、双斜钉和加强钉；单直钉、双直钉和加强钉：单横钉、双横钉和加强钉多种形式。斜钉就是钉锯呈斜向45度状排列结构，直钉呈竖向排列结构，横钉呈横向排列的方式。单钉是指纸箱搭接舌部位钉若干个单个的钉锯，双钉就是钉若干组2个并列的钉锯，而加强钉就是在两组双钉之间再加钉一个单钉的钉锯。一般双斜钉以其排列结构合理可较好地提高瓦楞纸箱的结合强度，应用较为普遍。钉锯要根据纸箱的使用性能和特点进行合理选用。一般单瓦3层的小型纸箱只需钉若干个单钉就可以保证纸箱的包装强度。5层、7层的中、大型纸箱，可根据内装物品的特点，酌情确定若干个双钉，或者双钉之间再加1个加强钉，如图6-4所示。

<table>
<tr><th>接合方式</th><th colspan="3">代号</th><th>图形</th><th>文字说明示例</th></tr>
<tr><td rowspan="5">钉合</td><td rowspan="4">直钉</td><td>单钉</td><td>双钉</td><td rowspan="2"></td><td rowspan="2">单横钉
双横钉</td></tr>
<tr><td rowspan="3"></td><td>横钉</td></tr>
<tr><td>竖钉</td><td rowspan="2"></td><td rowspan="2">单竖钉
双竖钉</td></tr>
<tr><td></td></tr>
<tr><td>斜钉</td><td></td><td></td><td></td><td>单斜钉
双斜钉</td></tr>
</table>

图6-4

6.1.4 免胶锁合成型

免胶式纸盒的成型通常都是利用插锁、咬扣等锁合结构来达到连接成型的包装目的，特别在全自动成型中，相当多的免胶式结构的折叠纸盒都开始逐渐取代胶黏式传统纸盒，而且免胶成型没有胶黏剂等化学物质污染，符合绿色设计概念，有利于环境保护。

锁合结构自动成型主要是利用相互相交的两个面上的锁头结构，使之产生锁合，牢牢固定两个相交的面从而使之成型。下面介绍几种锁合免胶成型的方式：

① 夹锁式成型：夹锁式结构是利用纸盒端板对折锁合成型。

② 插别互锁式：插别互锁式纸盒的成型是通过盒体各面之间几何结构的穿插、固定使盒子竖立。这一设计精美别致，适用于高级礼品及化妆品的包装，如图6-5所示。

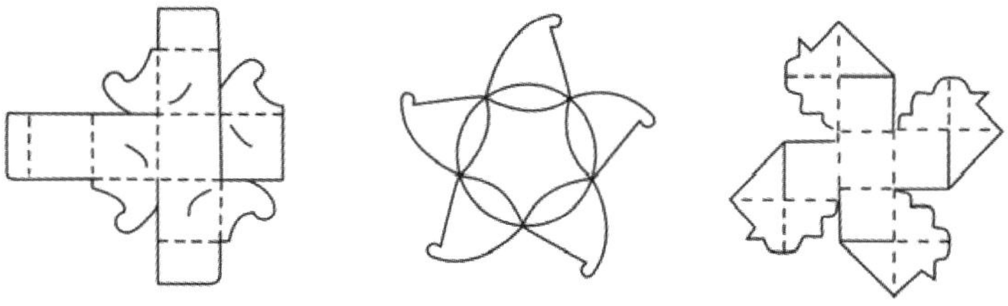

a　　b　　c

图6-5　插别互锁式成型免胶盒

③ 互咬式成型：互咬式结构，就是依靠折叠相互咬合来提高包装物的结构力和强度。如图6-6所示。

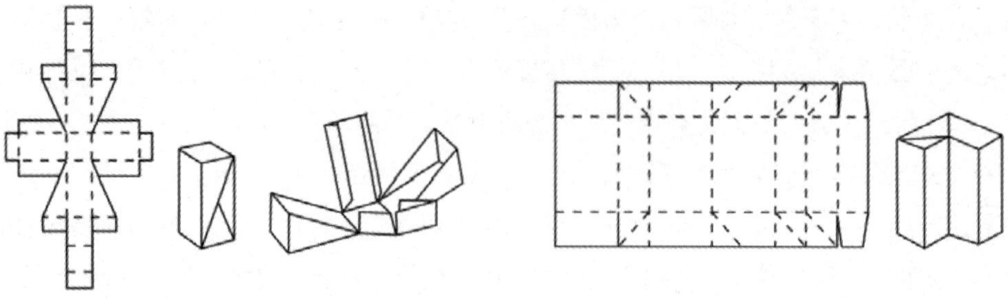

图6-6　互咬式成型免胶纸盒

④ 利用面的延伸和变化：托盘盒就是对四周的侧壁作延长和变化，灵活地运用锁头与锁扣，实现四周互锁的功能，达到免胶的效果。这种结构的设计提高了纸盒的强度和挺度，增加了盒形的美观。如图6-7所示。

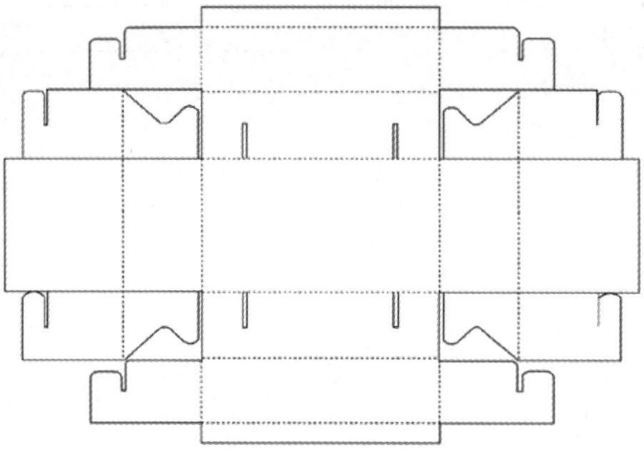

图6-7　托盘免胶盒利用侧壁作延长和变化来成型

6.2 固定纸盒的制作成型操作

粘贴（固定）纸盒的用材和结构方式与折叠纸盒完全不同，所以粘贴纸盒有它特定的成型方式。

（1）粘贴式纸盒的构造及名称

粘贴式纸盒的构造及名称如图6-8所示：

1—盒盖粘贴纸；2—支撑丝带；3—内框；4—盒角补强；5—盒底板；6—盒底粘贴纸；7—间壁板；8—间壁板衬框；9—摇盖铰链 10—盒盖板。

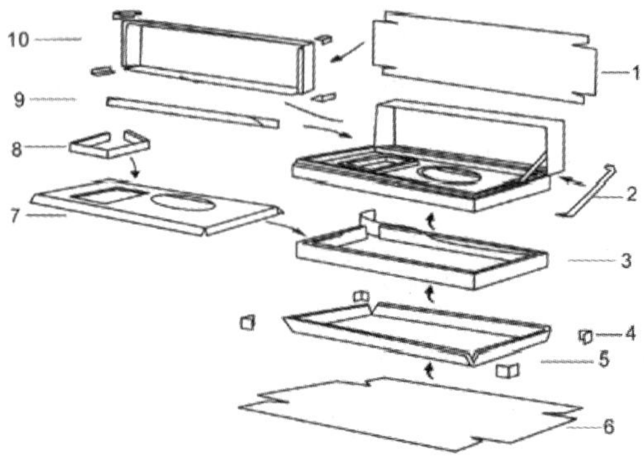

图6-8　粘贴纸盒各部结构名称

（2）粘贴纸盒制作成型步骤：

a．按纸盒的内部尺寸将硬纸板基层材料开切裁片。

b．用纸或布做护角内外固定盒体四角，围合成体。

c．外敷贴面纸加以粘贴固定成型。

（3）注意事项：

① 裁片方式分为两种，一种为盒底与盒体分开成型，即基盒由边框和底板两部分组成（图6-9）。

此种方式需要手工裁料和粘贴，不能用钉合方式固定，其特点为成型尺寸精度高。另一种为盒底和盒身一体，用一页纸板折叠围合（图6-11）。此种方式，除了可以用纸和布固定纸盒外，还可用钉合成扣眼来固定盒体四角，并且因为此方式结构简单，既可以手工粘贴，也可以机械粘贴，便于大量生产；缺点是四角及压痕精度较差。

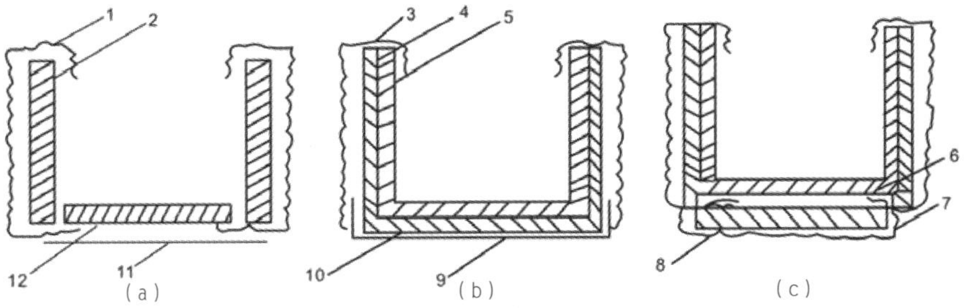

图6-9　底板和体板分体的粘贴纸盒结构

图6-9中：1、3—体板粘贴材料；2—体板；4—体板（外框）；5—体内板（内框）；6—底内板；7、9、11—底板粘贴资料；8、10、12—底板。

图6-10（a）结构简单，易于生产，但底板在压力作用下容易脱落，而且边框粘贴面与盒底粘贴面纸接缝清晰可见，影响外观。图6-10（b）增加一块底外板使纸盒强度有所增加，但两贴面纸接缝仍很明显。图6-10（c）结构强度较高，接缝隐蔽，外观效果最佳。

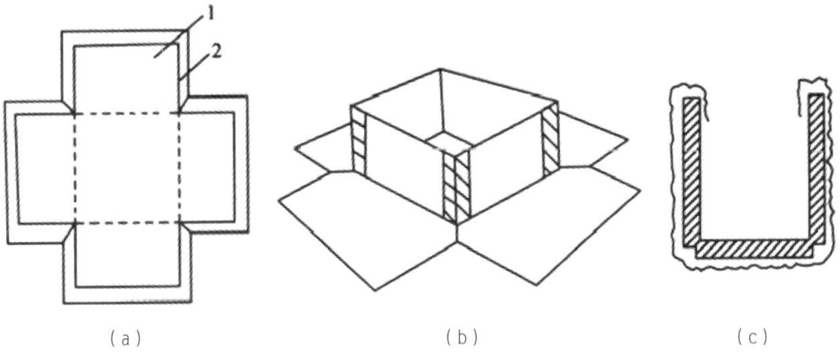

图6-10

图6-10中：1—粘贴面纸；2—体板。

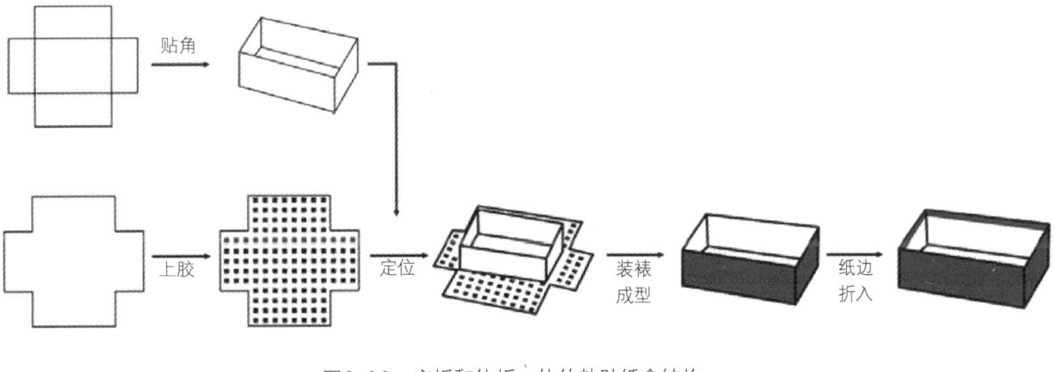

图6-11　底板和体板一体的粘贴纸盒结构

② 贴面纸要留出适当的转角公差（图6-12），否则不能成型且欠规整、美观。

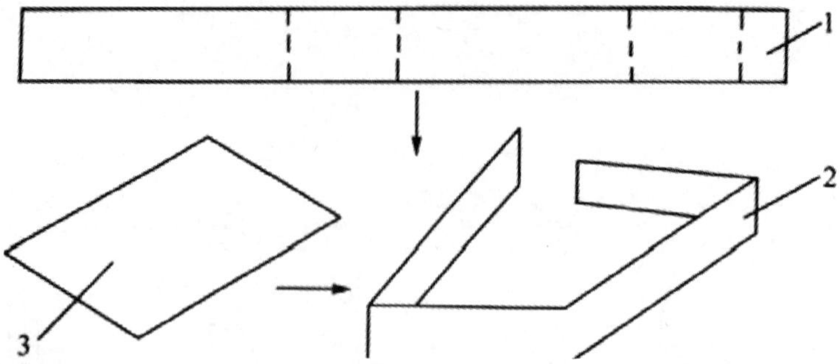

图6-12

附：粘贴纸盒尺寸设计

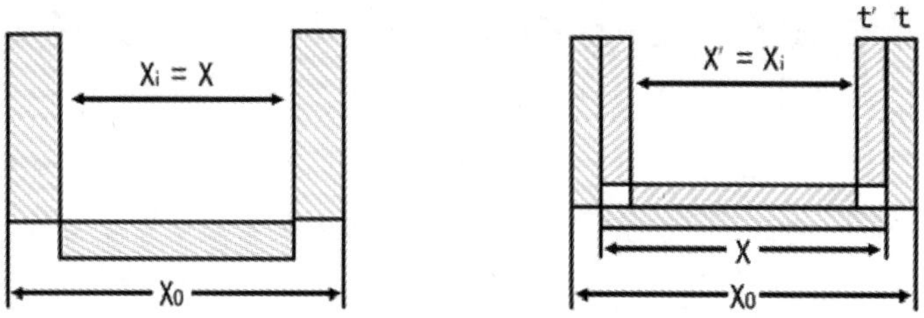

由外尺寸计算	制造尺寸 内尺寸	$X=X_0-2t-k'$ $X_i=X_0-2t-k'$	
由内尺寸计算	制造尺寸 外尺寸	$X=X_i$ $X_0=X_i+2t+k'$	$X'=X_i$ $X=X_i+2t'+k'$ $X_0=X_i+2(t+t')+k$
粘贴材料制造尺寸		$Y=X+a$	

式中，X —粘贴纸盒盒坯制造尺寸（mm）；

X_i —粘贴纸盒盒坯内尺寸（mm）；

X_0 —粘贴纸盒盒坯外尺寸（mm）；

t —纸板厚度（mm）；

k —修正系数（mm）；

Y —粘贴面纸用料尺寸；

a —粘贴面纸伸展尺寸。

下篇 鉴赏篇

Appreciation

Appreciation

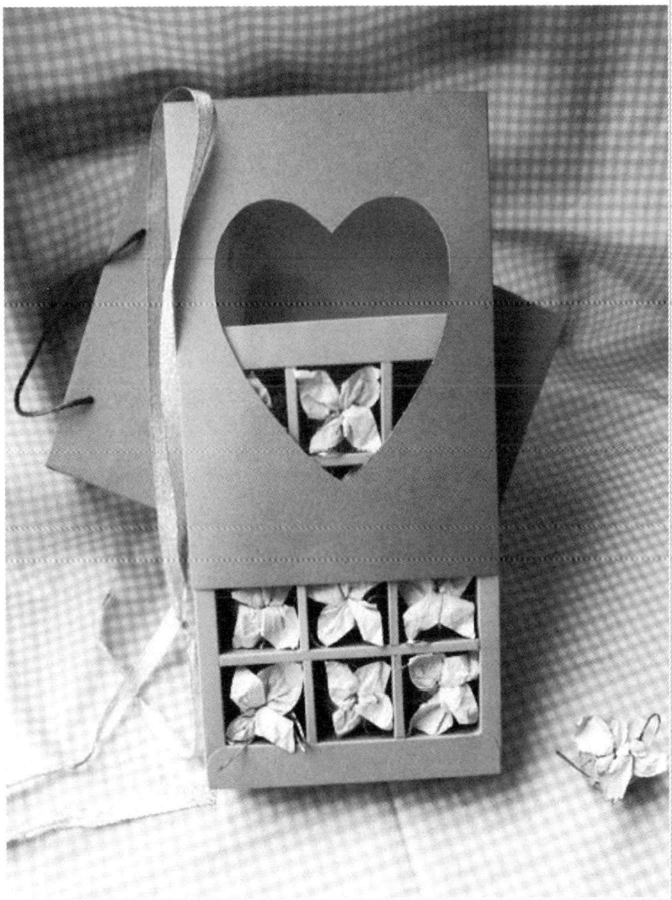

7 纸盒设计及打样作品简析

这里介绍的都是湖南工业大学包装设计艺术学院包装设计系学生们的纸盒设计及打样成型实验课的优秀作业，提供这些作品示范，以便让大家更直观地对纸盒结构造型设计和打样有更深的理解和认识。

通过折叠、翻转、镂空开窗等手法制作的各种不同结构造型的POP展示型纸盒，造型新颖，变化独特，可以有效展示不同类型、性状的产品，达到促销目的。

图7-1

图7-2

图7-1、图7-2为全套组合的系列化包装纸盒的开发，运用特殊质感纸材，并根据不同商品的特点，开发了不同功能性结构，满足了便携功能的同时，又注重造型优美，同时，开窗的运用，保证了包装展示效果。

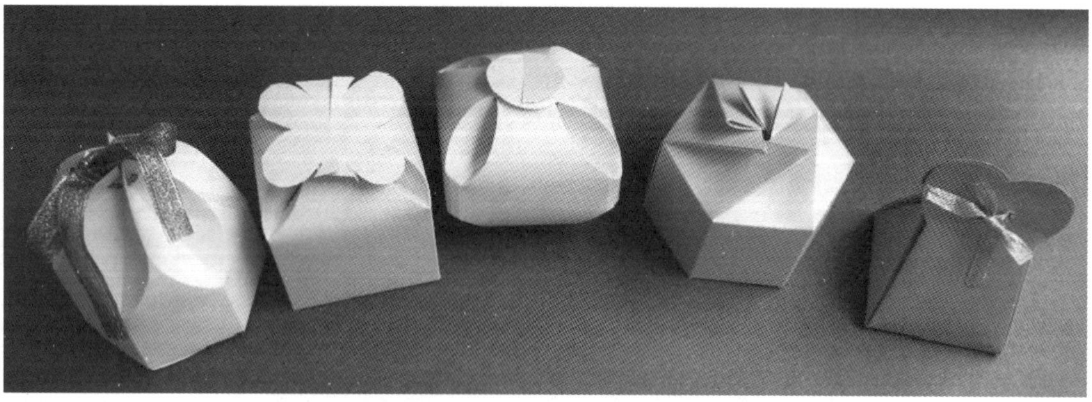

图7-3

图7-3系列系纸盒运用连续折插式、窝入式等花式封盖的结构，对纸盒的上部造型进行塑造，使整个纸盒造型新颖、美观，一反常规直角六面体的乏味，作为休闲食品、女性及儿童用品等小型产品的包装尤为合适。

图7-4

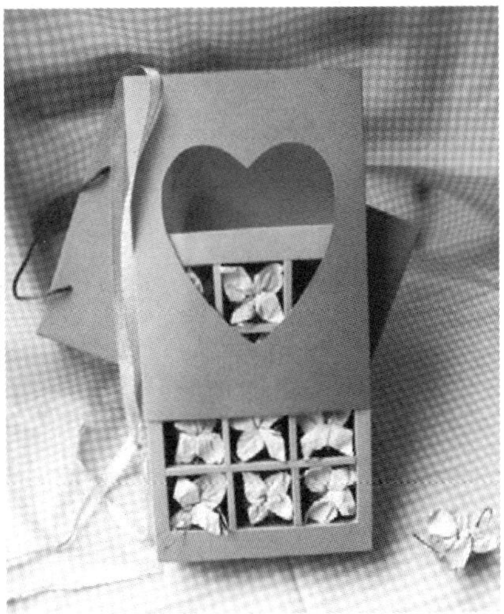

图7-5

图7-4、图7-5的内外组合的礼品套盒结构，礼盒内部隔衬固定一组三个内盒，具有连续的节奏韵律美感，且内盒运用连续折插花式封口，造型别致美观，整件套盒给人留下深刻印象。

图7-6

图7-6的纸盒是双层封套结构，利用镂空、插嵌手法，塑造蝴蝶造型，并作为纸盒的外封套，内外材质、色彩对比衬托，并结合连续折插花式封口，这使纸盒具有了较强的立体感，并且形态灵动可爱、造型精致，具有强烈的视觉吸引力。

图7-7

图7-7系列包装纸盒，造型简约大方，运用扣盖、抽屉、书本等功能性结构，满足了不同产品的包装需要，丰富了该系列纸盒的表现效果。

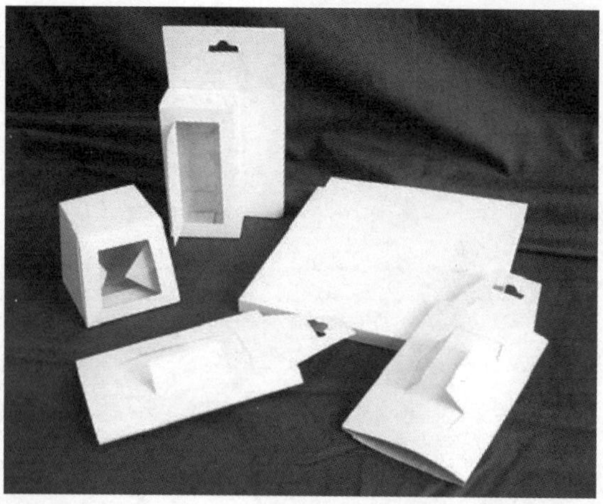

图7-8

图7-8系列日用品包装纸盒，结合产品性状，利用开窗、吊挂、展示等功能性结构有效突出产品特点，增强了展示效果。

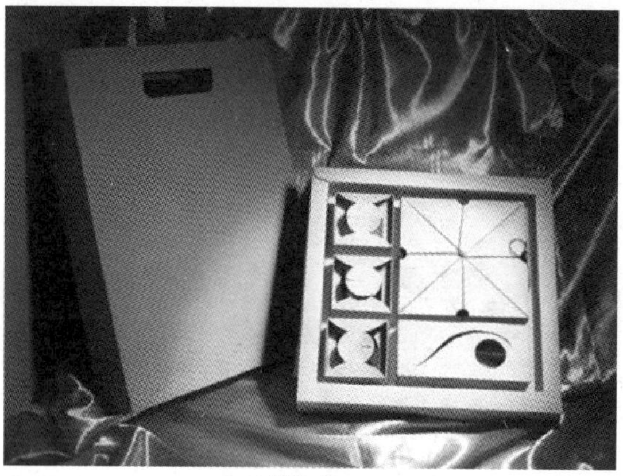

图7-9

图7-9为月饼礼品套盒，内盒运用切割、镂空、插嵌等手法成型，多件组合注重编排布局的效果，虚空间处理恰当，编排饱满，协调，有主次、形态对比，层次把握得当，不虚夸和不过度。既大气又细腻精致，内外组合效果浑然一体。

图7-10

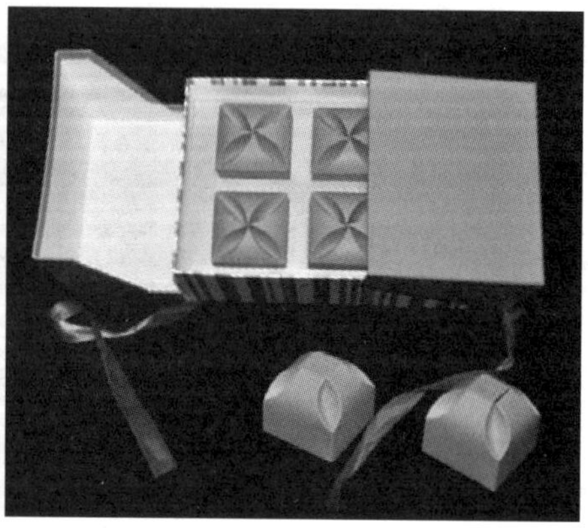

图7-11

图7-10、图7-11的礼品套盒，外盒为对页双盖的摇盖固定粘贴式纸盒，内盒为六个窝入揿压式花式造型折叠纸盒组合而成，效果饱满，协调，美观大方。

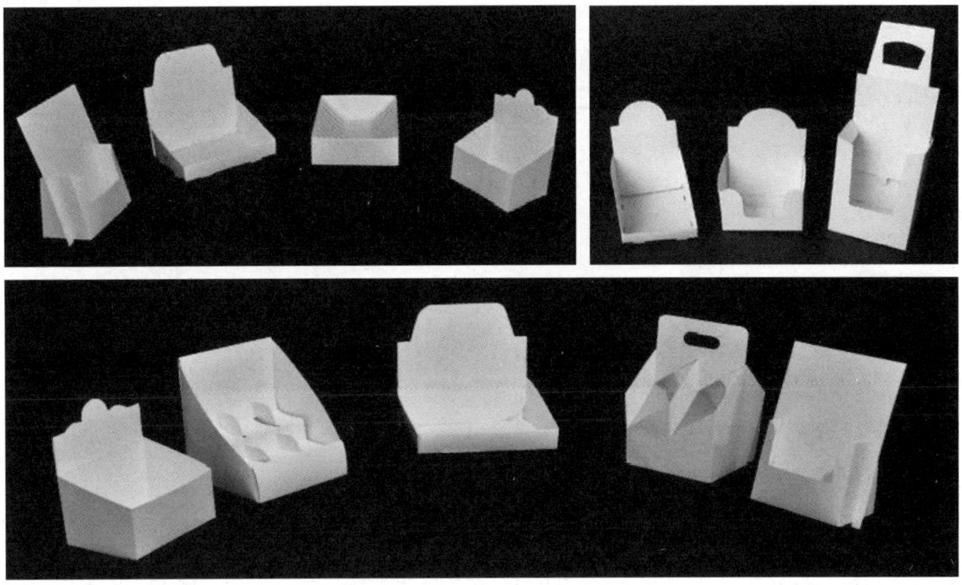

图7-12

图7-12为各种比例造型的POP展示式纸盒，陈列台承托并衬托产品，折叠翻转立起来的造型面可以做图形文字信息传达的广告牌，此类纸盒有效陈列除展示内部产品，同时又能发布广告信息，制造销售气氛，不愧为“无声的售货员”。

图7-13

图7-14

图7-15

图7-13~图7-15为开窗式纸盒，可以直观内部产品形象，有效展示产品效果，达到促销目的。

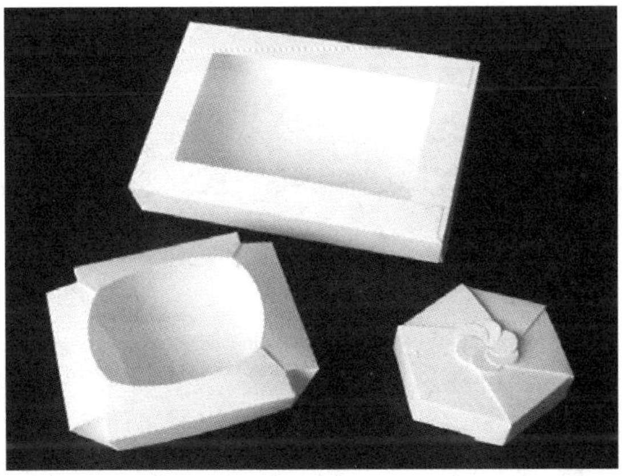

图7-16

图7-16的快餐食品纸盒造型，免胶造型，运用别插、折叠围合，这种结构适合现做现装食品，免去运输过程的使用，保护结构。

图7-17

图7-17的纸盒为采用折线、弧线造型的揿压式纸盒，造型独特，适合包装轻小物品，开启简易，造型独特。

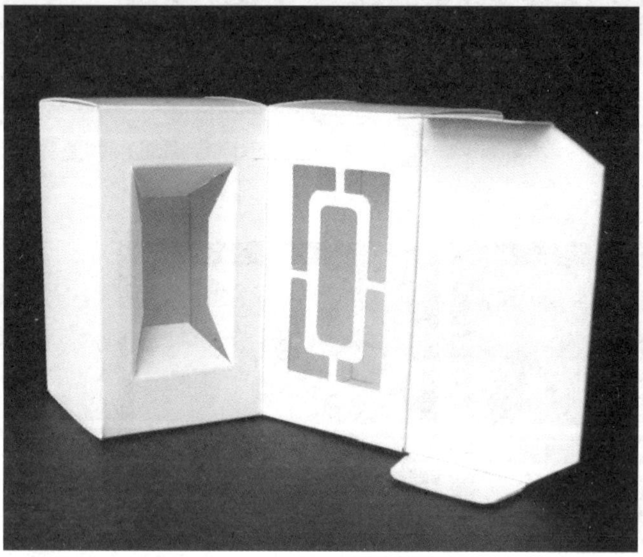

图7-18

图7-18为开窗组合式结构纸盒，姊妹连体，通过镂空开窗结构有效加强打开的展示效果，新颖美观。

图7-19

图7-19为摇盖式纸盒，连接一体，对口封盖，整体感强，造型大方精致，需通过折叠围合，成型相对复杂些。

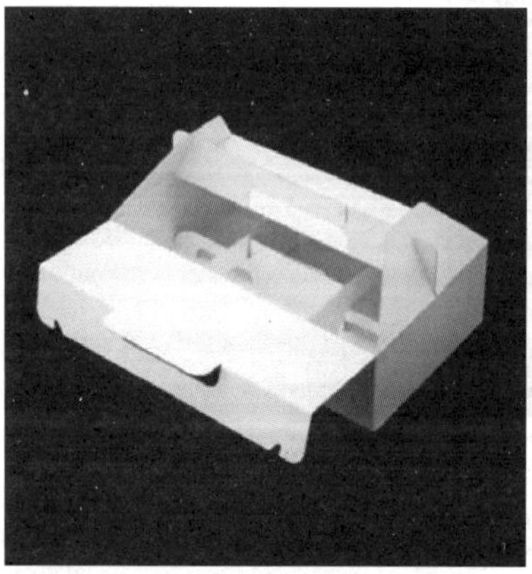

图7-20

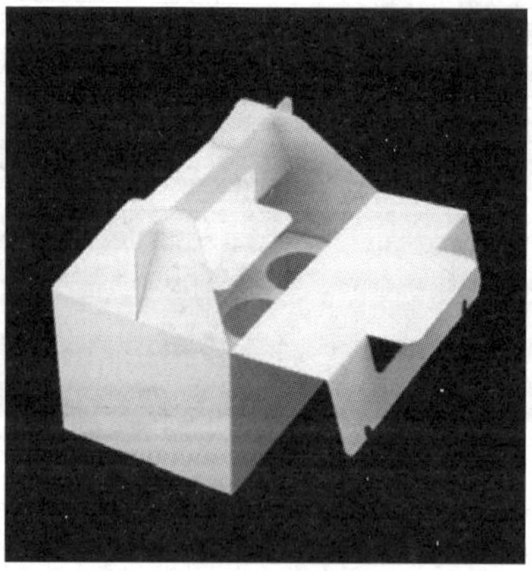

图7-21

图7-22

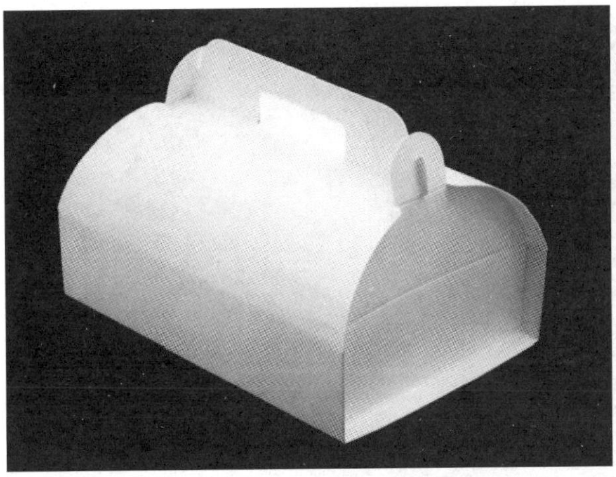

图7-23

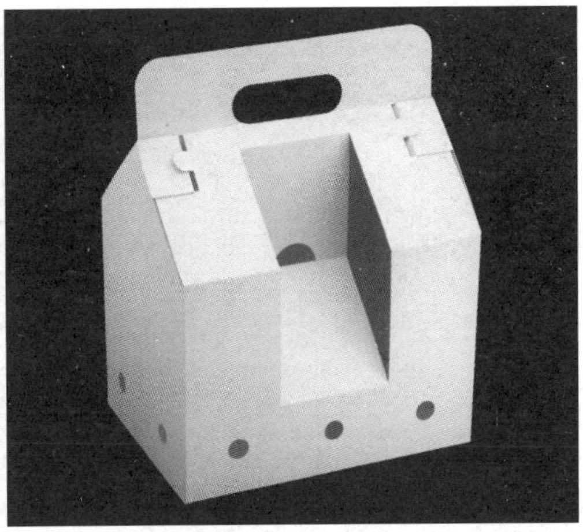

图7-24

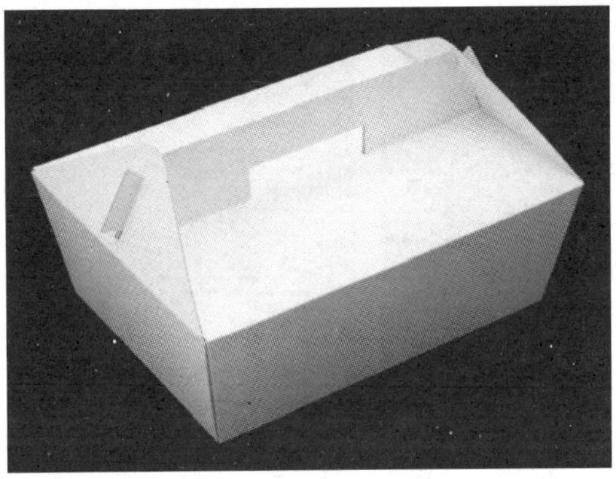

图7-25

图7-23~图7-25的纸盒为手提盒，运用卡口和别插结构成型手提，方便携带，结合所装商品的性状，在盒子内部设计间隔固定结构，结构巧妙，成型精致。

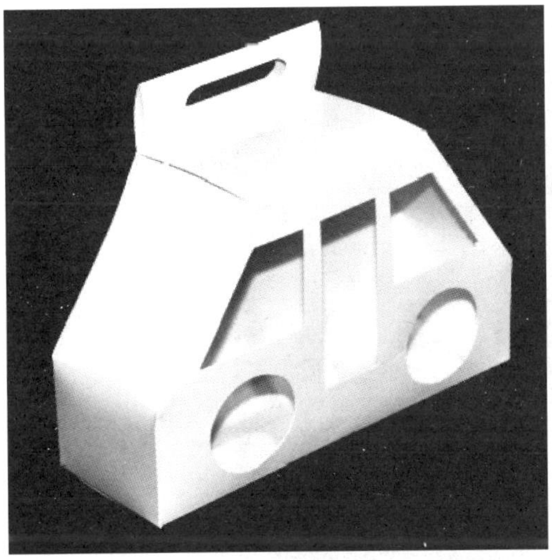

图7-26

图7-27

图7-26、图7-27为异形手提结构的纸盒，拟态造型，经简洁概括的形态归纳提炼，结合功能手提结构，巧妙而生动，趣味性很强。

图7-28

图7-29

图7-30

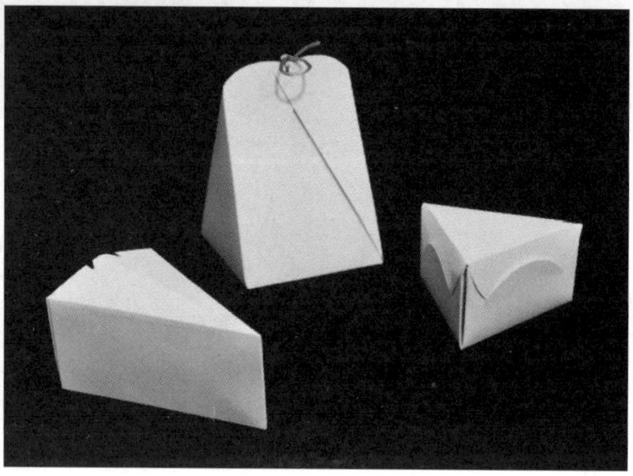

图7-31

图7-28~图7-30为三角体特殊造型纸盒，免胶别插或系带封口，结构巧妙、造型独特，新颖。

图7-32

图7-32为一组异形纸盒，有拟态象形，并运用曲线塑造、镂空开窗等手法，造型丰富多样、新颖独特。

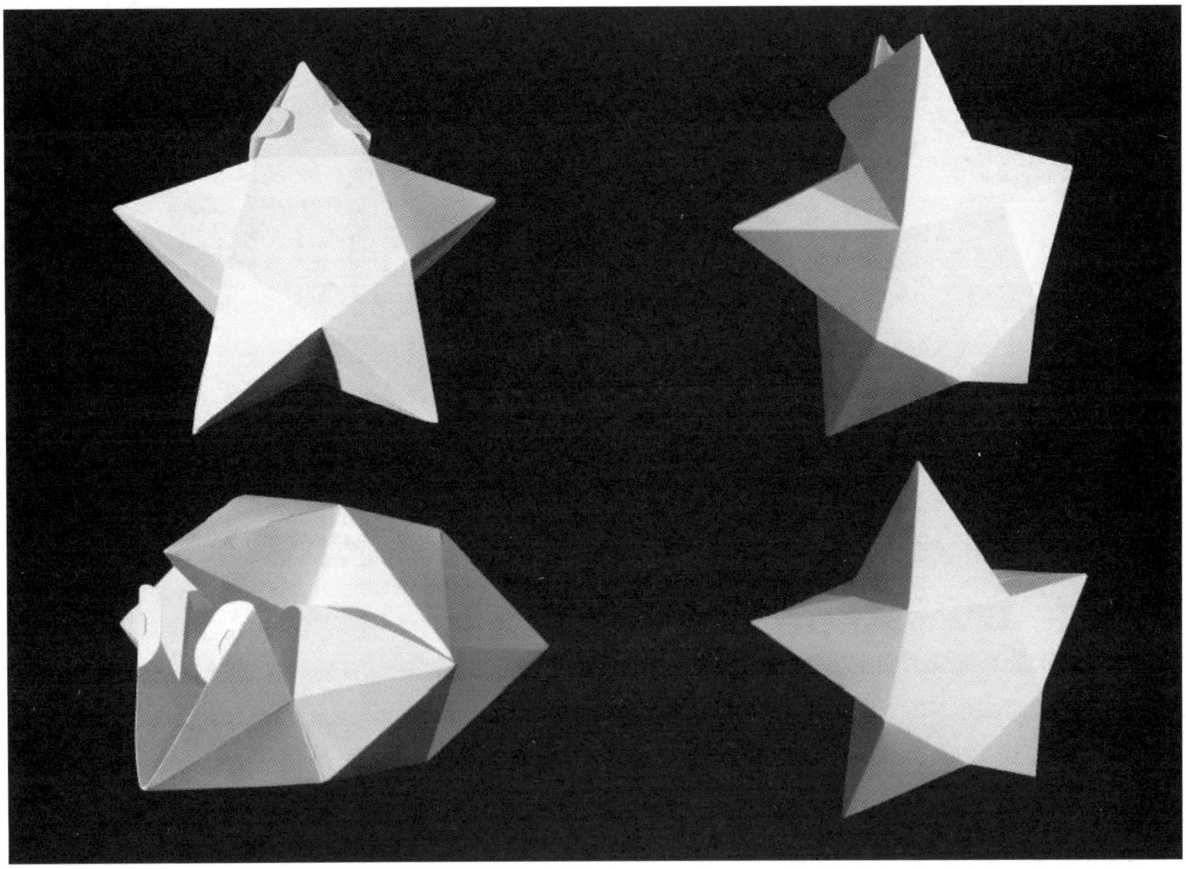

图7-33

图7-33为拟态五角星纸盒，运用立体构成的纸塑造型手法，形态简练、生动、有趣，并配有巧妙的封口方式，满足了纸盒的功能，巧妙地变型为包装纸盒。

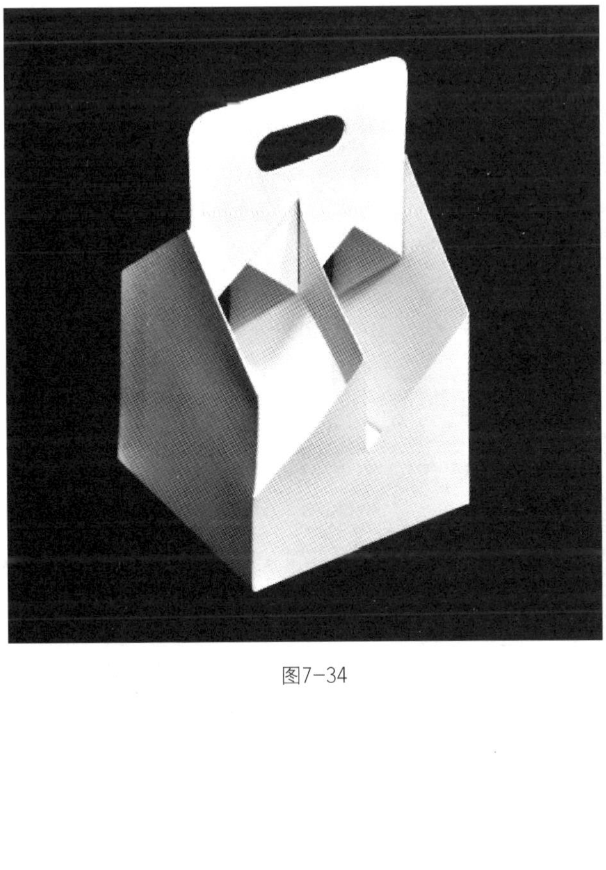

图7-34

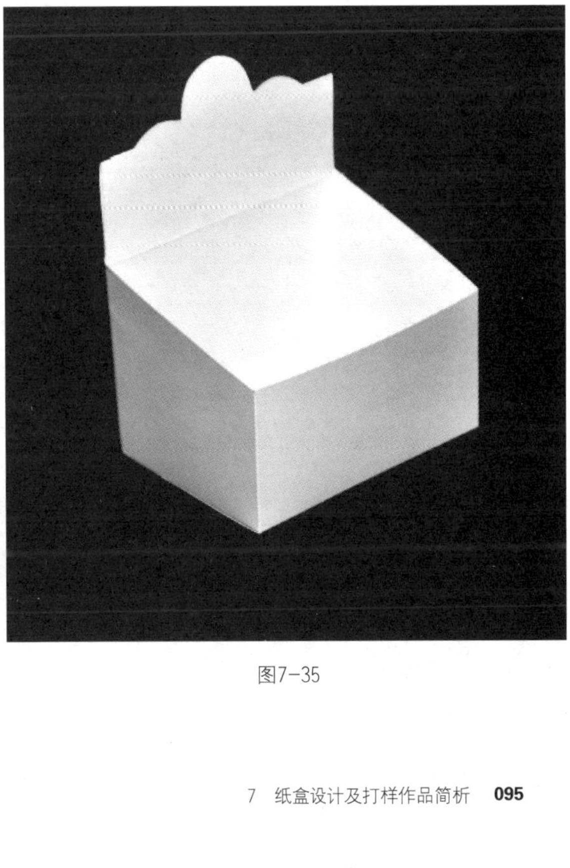

图7-35

图7-36

图7-37

图7-34~图7-37为一组造型各异的纸盒，包括手提、POP展示等类型，通过折叠翻转、镂空错位等手法，巧妙的结合产品包装功能的需求，并使造型达到新颖独特、吸引人。

参考文献 References

[1] 朱和平主编. 现代包装设计理论及应用研究[M]. 北京：人民出版社，2008.12

[2] 肖禾主编. 销售包装设计[M]. 北京：印刷工业出版社，2008.1

[3] 宋宝丰主编. 包装容器结构设计与制造[M]. 北京：印刷工业出版社，2007.1

[4] 王国伦编著. 纸容器设计[M]. 哈尔滨：黑龙江美术出版社，1997.2

[5] 霍李江编. 纸盒生产实用技术[M]. 北京：化学工业出版社，2005.8

[6] 谢琪著. 纸盒包装设计[M]. 北京：印刷工业出版社，2008.8

[7] 孙诚. 纸包装结构设计（第二版）[M]. 北京：中国轻工业出版社，2006

[8] 萧多皆编著. 纸盒包装设计指南[M]. 沈阳：辽宁美术出版社，2003.9

[9] 台湾包装设计Formosa Pcakage Design

[10] 日本包装设计Japan Package Design

Postscript 后记

包装设计专业是湖南工业大学包装设计艺术学院的特色专业，这里有多年的包装设计教育的积淀。本人身处此氛围，在教学和专业实践中不断学习与总结，深感包装结构与造型在包装设计中重要性。本书是在去年本人已出教材《现代纸盒包装造型与结构设计》的基础上，整理、编写的包装设计实验课教学指导用书。

目前市面上的同类书籍不多，我希望本书能尽量满足目前包装设计教学需求。本书作为包装设计专业学生学习纸盒包装设计必修的专业实验课教材，旨在将纸盒设计的理论贯穿于实验中，着重软件在制图中的运用和实验室成型设备操作。理论讲解和具体实例操作结合，尽量做到原理阐述和操作步骤条理清晰，讲述详尽具体。同时，书中配备了大量的具体操作步骤和实例作品图片，以突出可操作性、专业性、实践性强的特点。

感谢湖南工业大学包装设计艺术学院和湖南大学出版社的支持和帮助，使我能将实践积累进行总结归纳，成集出版。在此，要特别感谢我的研究生团队中张帅、赵培、王晓庆、聂飞参与图片和文字的整理，此中包含了他们许多的辛苦付出。此外，书中使用了他人部分图片资料用于教学，对于联系不到的作者，在此表示歉意和感谢。

由于时间仓促，且自身学识水平有限，难免有诸多不完善和欠妥之处。在此，恳请同仁们批评指正。

周红惠

2011年12月7日于湖南工业大学包装设计艺术学院